有錢人都在用的
人生時薪思考

仕事ができる人の最高の時間術

田路和也 著　周若珍 譯

Contents

第3章 可提昇效率的「一日行程規劃術」——075

第4章 讓你從忙碌中解放的「時間規劃術」——107

第6章 提昇「信賴感」才是最高級的時間管理術——219

前言

這是一本在談「如何不花時間就能得到成果」的書。

看見這樣的敘述，可能有不少讀者會感到懷疑，或認為不努力就想得到成果，這樣的想法太天真了。

不過，我並不是要倡導輕鬆賺大錢。事實上，我也不喜歡這種態度。我只是打從心底盼望，這是一個能「讓努力的人得到回報」的社會。

然而，我相信在現實社會中，應該也有許多人為了「自己明明已經這麼努力了，卻總是看不到成果」而煩惱吧。

此時此刻手上拿著這本書的讀者，或許也是其中之一。

在日本，「拚命」一直都被視為一種美德，但假如始終得不到成果，你還要繼續拚命下去嗎？

老實說，我做不到。

在將近二十年左右的職涯中，我擔任過業務員、顧問以及講師。我在瑞可利集團（Recruit Management Solutions）工作時，創下了連續獲得業績MVP與業績表揚的紀錄，至今無人打破。

獨立創業後，又獲得出版了全球銷售量超過三千萬本的暢銷書《與成功有約：高效能人士的七個習慣》（*The 7 Habits of Highly Effective People*），富蘭克林柯維日本分公司（FranklinCovey Japan）的青睞，擔任顧問。

在這十年內，我為超過一萬人進行業務人員研習，擔任大企業的業務顧問，協助我的客戶提昇業績。

我最自豪的，就是不論身為一個上班族，或是作為一個自僱者，我總是致力於追求最佳的成果。

另一方面，我在即將邁入四十歲的時候失去了所有財產，甚至面臨公司與個人破產的危機。

我在三十多歲時獨立創業，又繼承了家裡的事業，然後經歷過許多失敗，包括資遣數十名員工、客戶破產以及遇上投資詐欺。相信世上擁有如此經驗的人，應該也不多吧。

幸好這幾年來我的業績恢復，身為多家企業經營者團體的要員或負責人，我每年都能與一千名以上的企業經營者交流。

儘管我的商務人生走得如此迂迴曲折，但是很幸運地，我有許多機會接觸高成長企業的經營者，以及大企業的頂尖業務員。在與他們談話的過程中，我發現成功人士往往具備以下三個共通點：

①集中精神、傾注全力在一件事情上。

②不囉嗦，直接開始做。

③貫徹始終。

我們天生擁有的精力和時間都是有限的，每個人得到的資源也都是均等的。可是每個人最後得到的成果卻都不同，這是因為有些人把有限的資源，集中「投資」在真正重要的事物上，有些人則是把資源分散地「消耗」掉了。

認識他們之後，我確定了一件事，那就是成功的人，並不一定擁有過人的才華或直覺。此外，他們「努力的量」也不一定比別人多。

決定成功與否的關鍵，其實在於如何運用時間。

這就是本書的主旨。

接下來，我將為各位介紹「如何在有限的時間內獲得最佳的成果」。

在這本書中，我並不打算寫什麼節省時間的小技巧。

出社會後這二十年當中，我讀了超過一千本商業類書籍，參加了一百種以上的研討會，花在自己身上的投資超過三千萬日圓。因此我比誰都清楚，節省時間的小技巧並不是解決問題的根本方法。

本書強調以下三個重點：

①所有工作皆共通（普遍性）。

②任何人都做得到（重現性）。

③一定能持之以恆（持續性）。

我要介紹的是不論年齡、性別、經驗、職業，每一個人都必定能實踐，並且可以一直持續下去的原理與原則。

為了使各位讀者能夠更容易實踐，我刻意寫得淺顯易懂，請各位選擇喜歡或適合自己行事風格的方式，開始嘗試。你可以利用本書中附的表單，當成自己或部屬的行動管理工具。除了工作之外，這個方法也可以應用在讀書及減重上，相信一定能夠為您的人生帶來改變。

您在此時此刻拿起這本書閱讀，一定具有某種意義。既然您閱讀了本書，就代表花費了寶貴的時間，因此我要向您保證，您在看完本書之後所獲得的價值，一定超過您投資在本書上的時間和金錢。

第 1 章

改變對時間的態度

有近代心理學之父之稱，美國的心理學家威廉．詹姆斯（William James）曾說：

「思想（態度）決定行動，行動決定習慣，習慣決定性格，性格決定命運。」

這段名言經常被各種書籍與研習會引用，相信許多人都應該聽過。

換句話說，**想讓人生或事業成功，首先要改變的就是「態度」**。我完全贊同這個論點。

這個論點，亦可套用在改變「如何運用時間」的習慣上。只要改變態度，改變行動，就能改變習慣。

倘若只是介紹一些節省時間的小技巧，固然很簡單，不過這些技巧所能改變的，只有短暫的結果。想要獲得持續性的成果，光靠那些小技巧是有其極限的。

比方說，有幾位藝人替某健身中心拍廣告而減重成功，但是之後卻接連復胖，引起一番討論。他們為什麼會復胖呢？其實就是因為這些藝人的態度沒有改變。

抱著「為了廣告效果而瘦」的態度開始減重的人，與抱著「為了年幼的兒子維持健康」的態度而開始減重的人，究竟何者才能達到持續性的效果呢？我想答案很明顯，根本無須贅言。

那麼，想改變態度，具體來說我們應該怎麼做呢？若不能針對這一點找出答案，最後什麼都無法改變。

改變態度時最重要的，就是對潛藏在自己本能中的「熱情」（Passion）以及「使命」（Mission）有所自覺。

一直以來，人類都被迫將本能隱藏起來，遵循理性而活。事實上，我相信許多人每天過著與心裡的聲音不同的生活，甚至連自己心裡的聲音都聽不見。

因此，請將你的「熱情」及「使命」化為文字，透過這樣的行動，釐清人生的目的和目標，試著去傾聽自己心裡的聲音。

光是這麼做，你的「態度」就能確實改變。

在第一章裡，我會具體介紹每一個步驟。只想立刻學會時間管理技巧的讀者，請從第二章開始閱讀。

改變「態度」的六個步驟

步驟①　計算「壽命時間」。
步驟②　設定「人生時薪」。
步驟③　將「熱情」化為文字。
步驟④　將「使命」化為文字。
步驟⑤　將「願景」化為文字。
步驟⑥　將工作上的目標轉換為「主動的目標」。

步驟①

計算「壽命時間」

已經退休的名演員島田紳助先生，曾對吉本綜合藝能學院NSC的學員說：

「假如能用錢買到年輕，就算要價一億日圓我也願意付。所以擁有年輕，就等於口袋裡有一億日圓。只不過如果你不去使用，這些錢就會慢慢消失。所以我們一定要去用它。」

錢可以存起來，也可以一口氣增加很多，然而時間卻絕對不可能增加。因此我們的首要之務，**就是必須認知自己還剩下多少時間，以及這些時間有多麼貴重。**

在製造業界有一個專有名詞，名為「壽命時間」（Hours of Life）。所謂的壽命時間，就是裝置、機器或內部零件在一定條件下使用時，能夠達到某程度效果的期間。當然，人類也有壽命時間。

據說在二〇四五年，人類的平均壽命可達到一百歲。不過人在到達這個年齡時，是否還可以完全發揮自己的能力呢？對此我十分懷疑，所以我建議各位把平均壽命設定在八十歲。

假設你今年三十歲，算法為：

（80 歲－30 歲）×365 天×15 小時＝273,750 小時

這就是三十歲的人所剩餘的壽命時間。

無論生活得多有效率，睡眠時間和生活時間（盥洗、上廁所、穿衣服等）最少也會佔據九個小時，所以每天所剩的時間大約只有十五小時。

接下來，就請計算看看你的壽命時間吧。

（80 歲－現在的年齡）×365 天×15 小時＝壽命時間

這就是你所剩的壽命時間。

我們出生時所擁有的壽命時間，是四十三萬八千小時。

相信各位應該發現，自己已經出乎意料地消耗了許多時間吧。

全球知名的經營顧問大前研一曾經說過這麼一段話：

「人要改變的方法只有三個。第一個是改變時間分配，第二個是改變住處環境，第三個是改變來往的對象。假如三者當中只能擇一，那麼改變時間分配是最有效的做法。」

請你透過體認自己的壽命時間，給自己一個機會，重新檢視對人生剩餘時間的時間規劃術。重新檢視時間規劃術，就等於重新檢視你的生命規劃方式。換句話說，也就是重新檢視你的生活態度。

最後，我想介紹被譽為美國國父之一的班傑明．富蘭克林（Benjamin Franklin）所說的一句名言：

「若你熱愛生命，那麼切勿浪費時間。因為生命就是時間。」

步驟②

設定「人生時薪」

根據日本厚生勞動省在二〇一四年所做的「租金結構基本統計調查」，教育社會學家舞田俊彥計算出了一百二十九種職業的時薪。其中，時薪最高的工作是機師，時薪為一萬零三百九十九日圓。而東京都的最低薪資是時薪九百三十二日圓，也就是說，兩者之間相差了約十一倍。

時薪排名較高的職業，除了機師之外，還包括了大學教授、醫師、律師等。當然，這些都是必須付出莫大的努力，「投資」許多金錢和時間才能任職的工作。

那麼，你的時薪又是多少呢？

讓我們來計算看看你目前的人生時薪吧。

「目前人生時薪」的計算公式，如下所示：

目前人生時薪＝目前年收入÷目前每年工時

在我二十九歲還在當上班族的時候，年收入超過一千萬日圓，然而換算成時薪之後，卻連三千日圓都不到。我原本以為，自己在這個年紀能夠賺到這樣的薪水已經算多了，沒想到這只不過是透過付出時間來獲得對價而已。

也因此，在我自己出來獨立創業後，就把短期目標訂為「做時薪一萬日圓的工作」。直到現在，我已經設定了更高的人生時薪。

人生時薪是自己設定的，最重要的，就是**必須刻意設定得偏高一些**。

實際上，為自己設定偏高的時薪，有三個好處。

第一個，就是**能隨時意識到為了獲得這樣的時薪，自己應該做些什麼**。因為態度會因此而改變，於是改變行動也會變得簡單。

第二個，就是**優先順序會變得明確**。

比方說，我習慣使用到府清潔服務，這是因為我認為，對於「時薪一萬日圓」的我來說，與其把時間花在打掃房間或整理家務，還不如委託一小時三千日圓的清潔專家來做，獲得的效率更高、效果更好。只要請清潔人員在我工作的時候打掃，我就相當於有七千日圓的收入。

透過這樣的想法，便能明確地替自己應該做的事訂出優先順序。

第三個，就是**能吸引到適合這個時薪的人或工作**。

時薪一萬日圓的人，不會接到時薪一千日圓的工作委託；就算有，也能毫不猶豫地拒絕。另外，在像我這種擔任顧問、講師的人之間有個不成文的共識：把價格設定得高一些，才比較容易找到適合這個價格的好客戶。以結果來說，我們也才有比較好的工作可做。

近年來，「吸引力法則」（The Law of Attraction）漸漸獲得大腦科學的證實。義大利比薩大學的科學家馬昆（Horace Magoun）和莫路奇（Giuseppe Moruzzi）發現，人類的腦幹中有一種負責維持人體生命機能的神經元（Neuron），名為「網狀活化系統」（Reticular Activating System，RAS）。

在《讓你自動實現夢想的大腦編碼》（*The Answer: How to take charge of your life & become the person you want to be*）一書中也有提到，網狀活化系統是一種能夠過濾資訊，並從中挑選出對自己而言永遠重要的事物的工具。

此外，網狀活化系統還能讓我們將注意力集中在自己相信或正在思考的事物上，蒐集走上自己決定相信的這條路時所需的資訊，同時排除其他資訊。

也就是說，網狀活化系統能不能帶給你機會，完全取決於你的態度。

請舉出平時最常與你互動的五個人。試算看看這五個人的平均年收入，是否正是你的年收入呢？

這就是著名的鏡像神經元法則。

「鏡像神經元」（Mirror Neuron）是一九九六年時，義大利腦科學家從猿猴身上發現的腦神經元，又稱「模仿神經元」、「同感神經元」。由於猿猴在看見其他猿猴的動作時，會像照鏡子般做出同樣的動作，才因此命名為鏡像神經元。

人類在潛意識中很容易受到周遭人們的影響，包括外表、動作及想法等，一切都會越來越相似。以結果來說，就連年收入也會變成相同等級。

也就是說，經常接觸正在以你的理想人生時薪工作的人，便是提高你人生時薪最簡單的方法。

接下來，就請設定你的理想人生時薪吧。

理想人生時薪＝理想年收入÷理想每年工時

人們往往認為時間是用來消耗的，事實上，應該要把時間看成是一種投資。最重要的是，我們必須思考如何在有限的時間內獲得最大的報酬。

測量的指標名為「ROT」（Return on Time），也就是用數值表示「付出的時間獲得多少成果」。簡單來說，就是指「每小時的投資報酬率」。

ROT＝工作的成果÷投資在這份工作上的時間成本

此外，用「目前人生時薪」除以「理想人生時薪」，就可以明確掌握應該將ROT訂為目前的幾倍才行。

首先，請持續加強自己的能力，讓自己能夠設定理想人生時薪。透過有意識地提高自己的ROT，就能將自己的價值最大化。

最後，你在周遭人們心中的評價，將會是一個幹練的人。

步驟③

將「熱情」化為文字

專業民調、人力顧問機構美國蓋洛普公司（The Gallup Organization）針對世界各國企業實施的「敬業度（工作熱忱度）調查二〇一六」中提到，日本「充滿熱忱的員工」比例只有六％，遠遠低於全球平均的一三％及美國的三二％，在接受調查的一百三十九國中排名一百三十二，幾乎敬陪末座。

此外，「對周遭抱怨連連，有氣無力」的員工比例為二四％，「沒有幹勁」的員工比例更高達七〇％。

熱忱的來源就是熱情。相信現在各位應該可以稍微理解，順著自己心中熱情生活的日本人究竟有多麼少了。

不過，我並不認為日本人的熱情不足，其實大家只是用理性壓抑著自己，故意不去聆聽心裡的聲音罷了。

現在，我想請各位將自己的熱情化成文字。

最適合的工具，就是「熱情測試」（The Passion Test）。這是全美暢銷書《只做令你心動的事！》（*The Passion Test: The Effortless Path to Discovering Your Life Purpose*）作者珍妮特・阿特伍德（Janet Attwood）所發明的方法。

將熱情化為文字的好處有三個。

第一個是使自己雀躍的泉源變得明確，未來不論是在下判斷或採取行動時，再也不會猶豫。

第二個是更容易掌握自己的動機。

第三個是更容易吸引你所需要的資訊和夥伴。

接下來，就請實際做做看你的熱情測試吧。

將你的熱情化為文字的「熱情測試」

步驟① 請在下列文章的空格中，填入適當的詞句

「當我過著理想的人生時，我（　　　　　）。」

請在空格中填入至少十個當你過著理想的人生時，自己「已經成為的狀態」（Be）、「正在做的事」（Do）、以及「擁有的東西」（Have）。請不要用頭腦思考，而是寫出讓你發自內心覺得雀躍的事物。完全不用理會別人怎麼想。

寫的時候，請你一邊回想自己過去的心流經驗（全神貫注的忘我狀態），或是自己最擅長的事情。請留意，文字必須簡潔，同時必須是正向的肯定句。

（例）　○和家人永遠開開心心地生活。

○過著年輕又健康的生活。

╳每天做喜歡的事（→請具體寫出喜歡的事是什麼）。

╳過著沒有壓力的生活（→請改為正向的措辭）。

步驟②請根據對自己而言的重要順序，重新排序上述列出的熱情選項

請依照以下三個步驟排序：

(1) 比較第一個和第二個熱情

首先，將清單上的第一個熱情和第二個熱情做比較。比較的時候，請在心中問自己下列問題：

「我在哪個熱情之下生活，感覺比較自在愉快？」

「假如只能擇一，我會選哪一個？」

當然，在現實生活中或許可以兩者都選，然而透過只能擇一的設定，我們能更輕易地察覺對自己重要的事物。

(2) 由上往下依序與每個熱情做比較

在這個步驟裡，請從清單最上方開始依序比較每個熱情。

例如比較清單最上方的「熱情①」和排序第二的「熱情②」，如果選擇②，就再拿②和排序第三的「熱情③」做比較。如果依然選擇②，那就再用②和排序第四的「熱情④」做比較。

像這樣，將自己選擇的熱情依序與清單上的熱情選項做比較。全部都做過比較之後，請在你最後選出的熱情上寫下「NO. 1」。這就是對目前的你來說最重要的熱情。

(3) 排除「NO. 1」的熱情，再繼續比較

接著，為了確定第二重要的熱情，請再度由上而下依序比較清單上的熱情。這次必須將先前標註了「NO.1」的熱情排除在外，再進行比較。

與清單上所有熱情都做過比較之後，請在你最後選出的熱情上寫下「NO.2」。用同樣的方法繼續比較出「NO.3」、「NO.4」、「NO.5」。例如：

NO.1 熱情：和家人永遠開開心心地生活。
NO.2 熱情：過著年輕又健康的生活。
NO.3 熱情：每年出版一本書。
NO.4 熱情：演講、研習講師的邀請蜂擁而至。
NO.5 熱情：在自己喜歡的地方（東京、福岡、夏威夷）工作。

步驟④

將「使命」化為文字

日前我在電視上看到，搞笑團體「DOWNTOWN」的松本人志突然被同台的藝人問到：「你有夢想嗎？」當時，他是這麼回答的：

「真的可以說嗎？我希望我死了之後，有一大堆搞笑藝人來參加我的喪禮。該說是搞笑藝人還是明星呢，總之就是演藝人員，大家都來。而我就在天上看著他們說：『啊，他來了，他也來了。』」

他的理由是：「我想讓我的女兒覺得『哇，原來爸爸這麼棒！』」

另外，他在二〇〇〇年播出的電視劇「傳說中的教師」裡飾演老師，劇中被學生問到：「人到底是為什麼而活的呢？」當時，松本先生回答：

「是為了笑。人類唯一的特權就是笑。能夠笑著活下去，就是生而為人的證明。如果不能笑著離開這個世界，就沒有意義了。如果你想一直皺著眉頭，痛苦地死去，那就隨你便！」

據說這部電視劇裡有很多即興發揮的橋段，因此我猜想這段台詞或許也包含了松本先生的真心話吧。

像這種**「關於生命的個人信念」，就是所謂的「使命」（Mission）**。使命這兩個字，就是生命的使用方法，所以使命也就是生活態度。若是要使用文字將「Mission」呈現出來，就稱為「使命宣言」（Mission Statement）。

《與成功有約：高效能人士的七個習慣》的作者，史蒂芬・柯維（Stephen

Covey）博士針對使命宣言的說明如下：

「想做到以終為始，最簡單且能帶來最大成效的方法之一，就是寫下『使命宣言』。釐清自己想變成什麼樣子、想做些什麼，以及作為自己行為準則的價值觀與原則為何。」

在思考自己的使命宣言時，生死觀往往能帶給我們很大的提示。所謂的生死觀，就是透過思考死亡，來決定生活態度。

在這裡，我想以生死觀為基礎，介紹為使命而活的蘋果公司創始人史蒂夫·賈伯斯（Steve Jobs）很有名的一段演講。

「我在十七歲時讀過一本書，內容的大意是：

『把每天都當作生命的最後一天來過，總有一天你會發現自己是對的。』

這段話對我影響很深。

過去三十三年來，我每天早上都會對著鏡子裡的自己問道：『如果今天是我生命中的最後一天，我真的會想做今天預定要做的事嗎？』假如我的答案連續好幾天都是『NO』，我就明白『我該做些改變了』。」

將你的「使命」化為文字的「使命宣言」

接著，就請試著將你的使命實際化為文字吧。

這是我自創的「使命測試」，請回答下列三個問題。不用考慮你目前的狀況，只要順著你心裡的聲音來回答就好。

問題① 你的葬禮即將舉行，請問你希望「誰」來參加？希望他們對你「說些什麼話」？

問題② 醫師宣告你只剩下一年的壽命，在這僅剩的一年裡，你想「和誰」、「用什麼樣的方式」度過？

問題③　你突然得到了一筆高達十億日圓的龐大遺產，你想把人生接下來的時間和金錢「用在誰的身上」、「怎麼用」？

最後，請從這三個問題的答案之中找出共通的關鍵字，試著造出「我的使命是（　　　　）」這樣的句子。例如：

◯我的使命是讓世上增加更多快樂工作的人。
◯我的使命是把家人的幸福放在第一優先。
╳我的使命是過著健康的生活（缺少「為了某個人」的觀點，「使命」就會變得和「熱情」一樣）。

雖然有點難為情，但我想在此分享自己的使命宣言形成的過程。

由於我曾有過一次死裡逃生的經驗，不知道是幸還是不幸，我的使命宣言也因此變得十分堅定。

這個瀕臨死亡的經驗，發生在我二十九歲的時候。

當時，我前往馬爾地夫旅行，遇到了印度洋大地震所引發的南亞大海嘯。我所在的水上屋瞬間被大浪吞噬，有將近一分鐘的時間無法呼吸。在海水裡，過往人生的畫面就像走馬燈一樣掠過我的腦海，我甚至已經做好就這麼死去的覺悟。

「我什麼都還沒完成，我還是想活下去！」

就在意識逐漸遠離的時候，我突然在最後一刻回過神來，用盡全力，好不容易浮上海面。之後我繼續在海上漂流了一陣子，沒想到奇蹟不斷出現，最後是旅館的工作人員們拚了命地伸出手來搭救，我才有幸得以生還。

當時的險況，我到現在仍然記得一清二楚，那些工作人員們為了救我，自己也險些被海嘯吞噬。

雖說我是旅館的房客，但畢竟是個素昧平生的日本人。所以當我看見他們毫不猶豫地冒著生命危險對我伸出援手的模樣時，我對自己至今的人生感到汗顏無比。

當時的我，心中只有一些模糊的理想：「等到三十二歲，我就要獨立創業」、

「我想成為知名的顧問」、「我想成功」。

在遭遇這場災難之前不久，我很敬重的一位主管曾經問我：「你為什麼想創業？」可是我在當下卻答不出來，那是因為當時的我根本沒有「使命」。

然而，在馬爾地夫經歷了從鬼門關前走一遭後，讓我打從心底覺得：「我這條命是被人救回來的，在未來的人生中，絕對不願只為了一己之利而活。我想成為一個做大事的企業家，讓我的工作成果能輾轉回饋到當初幫助我的馬爾地夫居民身上。」

只不過，當時二十九歲的我能提供的價值有限。我思考了一番，當時的自己能充滿自信地提供的價值有兩個。

第一個是「站在業務員的立場，只提供真正有價值的東西給客戶，幫助客戶的事業成功」。

第二個是「透過傳授自己的業務知識給別人，使得以業務工作為傲、有能力貢獻社會的業務員越來越多」。

所以，我在自己的使命宣言中寫著：

「我的使命，是培養更多對日本社會感到自豪的業務員，並且提昇業務員的存在價值（Presence）。」

自從發現了自己的使命，我作為業務員的態度和行動全都產生了變化。因為抱著「只提供真正有價值的東西」的態度來面對客戶，我贏得了客戶的信賴，對方甚至還主動幫我介紹別的客戶。以結果來說，我創下了前所未有的業績紀錄。

三年後，我創立了「PRESENCE股份有限公司」。

你在這段無法重來的人生中，想要達成的目標是什麼呢？

步驟⑤

將「願景」化為文字

請試著以熱情和使命為基礎，具體描繪出你人生的「未來想像」。我將人生的未來想像，稱之為「願景」。

在描繪願景時，請將願景分為「對自己的未來想像」（My Vision）以及「對受到你影響的家庭、公司、社會等的未來想像」（Our Vision）兩種，會比較容易化為具體文字。

這裡有個重點是，不要用頭腦思考後「寫出來」，而是將令你心底感到雀躍的事物「描繪出來」。

在將願景化為文字時，我建議各位描繪「七年後」的未來想像。

之所以設定在七年後，是因為這並非太過遙遠的未來，比較容易具體想像；同時，對於達成某種目標來說，這樣的時間也很充分。

《思考致富》（*Think and Grow Rich*）的作者拿破崙．希爾（Napoleon Hill）博士，採訪了安德魯．卡內基、湯瑪斯．愛迪生、亨利．福特等美國富豪及頂尖企業經營者，找出了成功人士的原理原則。那就是——**對自己所想像的未來深信不疑**。

正如「**人類能想像的東西，一定就能實現**」這句話所說的，在這一百年來，人類透過想像，實現了各種在過去歷史中，超越人類成就的事物。

首先，必須具體描繪未來想像，並且找到自己的願景。至於該怎麼實現，留到之後再思考就好。比方說，我此刻的願景如下：

My Vision

在喜歡的時間、喜歡的地方，和我喜歡的夥伴們，一起向喜歡的客戶，盡情地做喜歡的工作。

Our Vision

培育出一百萬個有能力達到年收入一千兩百萬日圓的人才，對日本社會做出貢獻。

像這樣，以你的熱情為基礎，描繪出 My Vision，再以你的使命為基礎，描繪出 Our Vision，你的想像就會變得更具體。這就是改變態度的第一步。

為了時時提醒自己，你可以把願景貼在隨時可以看見的地方。我建議各位可以把**它放在電腦或手機的桌布上，打造一個能隨時複習的情境。**

藉由將熱情、使命、願景深植於大腦潛意識內，你便能正確選擇所需的「行動」（Action）並持續實踐。寫成公式如下：

熱情×使命×願景→行動

步驟⑥

將工作上的目標轉換為「主動的目標」

最後，來檢視在現實生活中的工作吧。

現在的你，或許正身陷於忙著處理公司分派給你的工作，同時被公司設定的目標追著跑的狀態。倘若一直持續處於這種狀態，將使你身心俱疲，且勢必會阻礙ROT的提昇。

在這個步驟裡，我將介紹消除上述阻礙所需的「心態」。那就是把公司設定的工作目標轉換成你自己主動設定的目標，亦即「工作塑造」（Job Crafting）。

所謂的工作塑造，就是每一名員工主動修正自己對工作的認知，以及在工作上採取的行動，並重新定義。這是一種把過去認為無趣或被交代的工作，轉換成願意做、值得做的工作方法。

工作塑造理論是由美國耶魯大學管理學院，研究組織行為學的艾美．瑞斯尼斯基（Amy Wrzesniewski）副教授，以及密西根大學的珍．達頓（Jane Dutton）教授所提出。

請運用這個理論，按照下列四個步驟，定義你的工作和目標。

(1)把你的工作內容和目標列成清單。
(2)將清單中有助於實現熱情、使命、願景的工作內容和目標畫上星號（☆）。
(3)至於沒有畫上星號的工作內容和目標，請將這些工作的範圍擴大，或是重新檢視工作的方法，並思考能不能將它們和你的熱情、使命、願景加以結合。
(4)替你的工作內容、工作目標下定義，改寫成主動性的敘述。例如：

①將工作內容改寫為主動性的工作內容
開發新客户→將真正有價值的服務與客户連結，協助客户成功。

②將工作目標改寫為主動性的工作目標

單月業績目標五百萬日圓→證明自己受到許多客戶感謝。

知名管理學巨擘彼得・杜拉克（Peter Drucker）博士，曾經說過一個著名的寓言故事。

有一天，杜拉克看見工人們正在堆磚頭。他分別對三名工人問道：「你在做什麼？」

第一個工人說：「你看就知道啦，我在堆磚頭。」

第二個工人說：「我在砌一面很大的牆。」

而第三個工人則回答：「我在打造全國最棒的教堂。」

據說在另一個版本的故事中，之後又有第四個工人說：「我在打造人們的心靈寄託。」

同樣一份工作，有的人認為自己只是在堆磚頭，有的人卻意識到自己的使命，認為自己是在打造人們的心靈寄託。這兩種人哪一種能獲得較高的價值感與充實感，相信無須贅言。而工作的成果，勢必也將成正比。

基本上，公司絕對不可能替員工準備值得做，或是有趣的工作。成敗關鍵就取決於，你自己是否認為這份工作值得做或有趣。

也就是說，只要你本身的態度沒有改變，你就永遠不會遇到值得做的工作與有趣的工作。

大家可能會先入為主地認為，使命和願景一定要寫些崇高或具有影響力的內容，但其實沒有這個必要。

我在海嘯中獲救後，發生了一件事情，讓我對這一點深有感觸。

當時，我在馬爾地夫首都馬利的避難處渡過了三天左右。不知為何，我總覺得當地的人們對我這個日本人格外親切。

一天，我忍不住問他們：「你們為什麼要對我這麼親切呢？」

他們回答：「其實我們能平安逃過一劫，全都要歸功於日本幫我們打造的防波堤。假如沒有那道防波堤，說不定整個馬利早就被淹沒了。所以我們對日本人好，是理所當然的呀。」

馬利島的地形平坦，海拔只有一點五公尺，因此很容易受到巨浪侵襲，過去一直飽受水災之苦。在這次的海嘯中，儘管整座島有三分之二淹水，但多虧了在日本政府的發展援助（Official Development Assistance；ODA）協助下所建造的環島防波堤，所幸無人死亡。

經歷這場海嘯之後，日本政府也盡力協助馬爾地夫重建。根據調查，馬爾地夫有八成以上的國民都知道日本的ODA，也對此懷抱感謝之意。

日本在二〇一一年發生三一一東北大地震時，馬爾地夫全國上下熱心地舉辦募款活動，捐贈了大筆善款及莫約六十九萬個鮪魚罐頭到災區。

就像上述的例子，你工作的真正的意義和價值，也許要到很久之後才會輾轉顯現出來。現階段最重要的是，你必須自己賦予它意義。

請重新定義你的工作內容和目標，將它們改成自發性、主動性的敘述。你的工作目標並不是達到業績標準，而是為了實現你的熱情、使命和願景的手段之一。

最後，**請一邊回顧改變態度的六個步驟，一邊填寫下一頁的目標達成指南表單。**我之所以將這張表單命名為目標達成指南，是希望它能夠成為你的「心靈指南針」（Compass），隨時指出你現在所在的位置，以及你所朝向的目標。

填寫完這張表單後，你就等於得到心靈指南針，踏出提高ROT的第一步。

目標達成指南表單

姓名		年齡		步驟① 壽命時間		小時
步驟② -a.人生時薪						
目前年收入		元	目前每年工時			小時
目前人生時薪		元				
步驟② -b.人生時薪						
理想年收入		元	理想每年工時			小時
理想人生時薪		元	將ROT（每小時投資報酬率）提昇為目前的			倍

步驟③熱情（Passion） 「當我過著理想的人生時，我〇〇」		步驟⑤願景（My Vision） ——7年後的未來想像
No.1		
No.2		
No.3		
No.4		
No.5		

步驟④使命（Mission） 「我的使命是〇〇」		步驟⑤願景（Our Vision） ——7年後的未來想像
1		
2		
3		

步驟⑥ -a. 工作目標		步驟⑥ -b. 主動性的 工作目標
1		
2		
3		

※本表格可下載電子檔。詳見第239頁。

第 2 章

幹練人士的「年計畫訂定法」

本章中要介紹，藉由改變你的行事曆規劃術，來培養與幹練人士相同習慣的方法。

三省堂大辭林的日文字典上，將「習慣」這個詞定義為「長時間反覆進行，彷彿規定一般的事」。而我則將它簡單地定義為「長期以來自己打造的舒適圈」。人往往害怕變化、害怕離開自己的舒適圈。相信沒有人對於改變「習慣」這件事毫無抵抗吧。

只不過有一點可以確定的是，**唯有跨出舒適圈，人才會有所成長**。

在這裡，我要向各位介紹「一・〇一和〇・九九的法則」。「一・〇一」只比「一」大一點點，「〇・九九」則只比「一」小一點點，兩者之差只有「〇・〇二」（二%）。

然而，若將這兩個數字分別乘以三百六十五次方——

一・〇一的三六五次方≒三七・七八

○．九九的三六五次方≒○．○二六

最後竟會產生這麼大的差距。

前面的計算是在比喻：每天用一○一％的力量工作的人，和每天用九九％的力量工作的人，在三百六十五天（一年）後的成長與成果，將會出現極大的差異。

樂天的執行長三木谷，曾在他的著作《成功的原則》中介紹過這個法則，因此廣為人知。

在MLB有著優異表現的職棒球員鈴木一朗，在創下MLB單季最多安打紀錄時曾說：

「不斷累積微不足道的小事，就是通往偉大目標唯一的路。」

另外，鈴木一朗也曾舉例表示，他這一生中最自豪的事，就是高中時期每天花十分鐘練習空揮。

「一年三百六十五天，持續三年，就能讓短短的十分鐘感覺非常可觀。透過比任何人都持之以恆地練習，我覺得自己變得更堅強了。」

這就是累積小小的習慣，所帶來的巨大差異。

習慣不只能帶來不同的成果，更能培養出無法動搖的自信。

演員武田鐵矢，曾在電視上說過這麼一段話：

「只有過去的自己能鼓舞明天的自己。從前的努力會成為你的自信，當你痛苦的時候，在身邊不斷為你加油打氣。」

能夠幫助你擁有自信，不斷鼓勵你的，只有你自己。習慣化能為你帶來自信，而自信也有助於習慣化。

為了改變習慣，首先你必須改變自己的行事曆規劃術。具體而言，第一步就是採

用以一年為單位（最少以半年為單位）的行事曆規劃術。

接著，再進一步檢視以週或以日為單位的行事曆規劃術（將於第三章中詳細說明），以及時間規劃術（將於第四章中詳細說明）。

現在，請打開你的行事曆。請問你的行程排到多久以後了呢？

我的行事曆總是排到至少一年以後的行程。這並不是我成為企業經營者之後才養成的習慣，而是我從上班族時代就一直持續的習慣。

為了擁有隨心所欲的人生，我認為這是一個不可或缺的習慣。

我發現幹練人士的行事曆規劃術，有幾個共通的重要規則。

接下來，就讓我們一起檢視你的行事曆規劃術吧。

規則①

把目標訂高，將預定達成日期提前

思考行事曆規劃術時的大前提，就是要主動把目標設定得高一點，同時還要將預定達成日期訂得早一點。

由於人生中不可能所有事情都會順利地按照預定計畫進行，因此事先設置「緩衝」（Buffer），就變得相當重要。

緩衝原為ＩＴ業界的用語，意思是資料暫存區。近幾年，一般公司也習慣用來表示時間抓得較寬鬆的行事曆。

為了順利達成自己故意設定得比較嚴格的目標，你必須透過反推的方式安排行程，設置緩衝。

也就是說，事先做好迴避風險的準備，即便手上的工作無法如期完成，也還能挽救。我有一個習慣是會故意把手錶調快五分鐘，也是基於相同的道理。

此外，**把這個目標公開告訴身邊的人，也很重要**。

朝日電視台播出的「毒舌糾察隊」節目中，有個很受歡迎的單元，叫做〈會念書的搞笑藝人〉。某一集特別節目當中，有幾位高學歷的搞笑藝人生動地分享，當初自己是抱著什麼樣的目的或目標，採取什麼樣的戰略和戰術來準備考試。

順帶一提，我在高中之前也是這種類型的學生。看著節目，我發現我的處事態度和規劃時間的方法，其實是從準備考試的時候培養起來的。事實上，若是從時間規劃術的角度來看，有效率又有效果的讀書方法和工作方法，原理是相同的。

例如，會念書的搞笑藝人的代表，搞笑團體「ORIENTAL RADIO」的中田敦彥說，當朋友問他第一志願是哪所大學時，他的回答是：「我只報考超難進的大學。」據說他藉此把自己逼到絕境，下定決心絕不退縮。

把「考上東京大學」當成目標而努力念書的人，最後也許會考上早稻田大學或慶應大學。然而退而求其次地，以「考上偏差值五〇的大學」做為目標的人，絕對不可能考上東京大學，說不定連偏差值五〇的大學都考不上。這也是相同的道理。

回想起來，我在當業務員的時候，也曾經向身邊的人表明：「在離職之前，我每年都要上台接受表揚」的目標。

我將目標設定為比公司給我的業績目標還要高一點五倍的數字，又規劃了提早兩個星期達成目標的「目標達成腳本」。

特別是對於自律性不高的人來說，試著把自己逼到絕境，或許是個有效的方法。

規則②

預留思考「戰略」和「戰術」的時間

請在期初預留一個星期的時間，以供徹底思考戰略和戰術使用。詳細的內容我會在第五章說明。

我在過去擔任業務員的時候，為了達成上半期（四月到九月）與下半期（十月到隔年三月）的目標，會分別將四月的第一週和十月的第一週空下來思考，盡量不安排需要外出的會面行程。

我把時間投資在研究我的客戶，徹底檢視過去三年內的交易情形。具體來說，就是我確切地掌握了每位客戶、每個月、每種商品的實際銷售額。

接著，我仔細思忖該如何才能達成目標，打造出萬事具備，只差執行的狀態。

然後接下來的半年，我便能心無旁騖地全力往前衝，最後創下了前所未有的業績紀錄。

不只是業務，其他工作也一樣。

有些人會建議先行動再思考，或是一邊思考一邊行動，但我認為那是平常就習慣思考的人所享有的特權。

一名成功的企業經營者，就算在玩樂，也會想辦法將玩樂與工作結合；業績出色的業務員，會隨時觀察四周，無時無刻想著工作。正因為他們是這樣的人，才能成功地先行動再思考，或一邊思考一邊行動。然而，我認為**大多數的人需要的是徹底思考後再採取行動的習慣。**

當然，光思考卻完全不行動是多麼浪費時間的事，相信無須贅言。

將徹底思考後的戰略與戰術轉為行動，累積能夠達到預期成果的「有付出必有收穫」成功經驗，是非常重要的過程。

因為這個有付出必有收穫的過程，證明了你的戰略和戰術有效且重現性很高，可以增加你的自信。

鈴木一朗曾說過：

「問題在於『如何打出安打』。假如只是碰巧打出安打，那根本不算什麼。」

「我並不是天才，因為我可以說明我為什麼打得出安打。」

不斷締造佳績的鈴木一朗，並非只是單純埋頭苦練而已。正因為他想得比誰都透徹、練習得比誰都認真、自我分析得比誰都徹底，又比誰都堅持持續改進，並養成了這樣的習慣，所以才能達到別人所達不到的成果。

規則③

預留兩成的時間以獲得八成的成果

經濟學家經常用「八〇／二〇法則」（帕雷托法則，Pareto Principle）來探討各種現象，此法則指出八〇％的結果，取決於二〇％的因素。實際上，業務部門八〇％的業績，的確是由二〇％的客戶所貢獻而來。

同樣地，這個法則也可以套用在時間規劃術上。

當你在工作上獲得成果的時候，用來產出最大價值的時間，應該只佔了二〇％。所以我們最重要的就是客觀地分析檢視，並意識到那是投資在什麼事情上的時間。

我在當業務員的時候，會在期初徹底地調查我所負責的客戶，然後思考戰略。

當時我八成的業績，實際上也是來自於兩成的客戶。也就是說，這兩成的客戶就是我業績的支柱，是我應該優先服務的客戶。

於是，我設定的戰略內容為：「除了這些客戶之外，在考慮業種和規模的前提下，將有可能屬於這兩成的客戶優先排進行事曆中」，並且實際執行。

我的行動力（拜訪客戶的次數）在業務部裡雖是倒數的，卻能連續創下頂尖業績紀錄，便是多虧了這個戰略。

身為《有錢人都在用的人生時薪思考》的作者，這麼說似乎有點不太恰當，不過老實說，在我至今的工作生涯中，可能不會有太多人稱讚我是個「幹練的人」。

因為**我只對絕對必須獲得成果的二〇％的工作認真，剩下八〇％的工作，我只想著要怎麼輕鬆地做完**。因此旁人對我的印象，與其說是幹練的人，倒不如說是做事有要領的人吧。

但我個人認為，這正是完美工作術的祕訣。

輕鬆絕對不是一種罪惡，而是為了將時間投資在你真正應該優先處理的事情上，所採取的一種重要戰略。

試想在你的工作當中，會對結果造成重大影響的客戶和夥伴是誰？會對結果造成重大影響的行動又是什麼？

只要選擇將時間優先投資在這些事情上，並採取正確對應的行事曆規劃術，那麼八成的成功便指日可待。

規則④

用反推的方式訂定一整年的計畫

搞笑團體「ROZAN」的宇治原史規，也是一位很會念書的搞笑藝人。

據說他在高中時將目標設定為「考上京都大學」，但他真正的目的是「成為大受歡迎的搞笑藝人」。他是為了讓搞笑藝人的角色形象更加突出，所以才刻意選擇了「考上京都大學」的戰略。

他在高三準備考試時，所訂立的一年份讀書計畫如下所示：

4月～6月　背誦

7月～8月　基本題型

9月～10月　應用題型
11月～　考古題

由於四月到八月的期間，他只專心背誦和做基本題型，因此夏季的模擬考只拿到了C至D的成績（譯註：日本大學模擬考大多採A至E評分制，A表示有八〇%以上的機率考上，B表示有六〇%以上的機率考上，以此類推）。

即使如此，他仍然不慌不忙地繼續背誦、做基本題型。到了九月開始做應用題型和考古題之後，他的成績便飛快地進步。

像這樣，**在不斷累積微小努力的過程中，突然出現劇烈變化的轉捩點，就叫做「Tipping Point」**。

許多人在迎接Tipping Point之前，都會因為覺得沒有成效，或認為再繼續下去也沒有意義而放棄。

許多人在減重時，一開始往往很難瘦下來，但是當體重降到某個數字之後，就會突然開始急速下降。這就是 Tipping Point。

想必正是因為宇治原先生的目的、目標與戰略都非常明確，所以才能毫不動搖地堅持到突破 Tipping Point 吧。

過去擔任業務員的我，也是抱著一模一樣的想法來達成目標。

如前文所述，我在期初的第一週，會把時間投資在確定戰略上。我會參考過去的往來記錄以及客戶的結算時間，來訂立戰略。例如：「A公司的結算月是十二月，所以我應該在十月中旬優先去跑業務」、「B公司每年四月都會委託我們進行大規模的新進員工訓練，所以我應該從十月就開始接觸對方，想辦法在年底前拿到訂單」等等。

先以此戰略為基礎，再透過反推的方式，如「半年↓三個月↓一個月」來進行行程進度的規劃。

用盡全力做好眼前的事是理所當然的，而富有戰略性的行事曆規劃術，將會帶來截然不同的結果。

規則⑤

預留執行固定業務・例行公事的時間

在一年份的行事曆當中，我每年第一個寫上的計畫，就是「和家人共度的九天暑假」。

因為我的熱情No.1，就是和家人永遠開開心心地生活，所以我會先預留用來實踐這一項目標的時間。

也因為我和妻子都在工作，所以更需要事先安排計畫。

此外，假如有些工作上無可避免的公事，或公司規定的固定業務、例行會議等，**也請一開始就排進行事曆裡。**

這些都會成為「制約條件」，當遇到你無法改變的預定計畫，就只能選擇以它們為前提的行事曆規劃術了。

請一開始就至少把半年份的固定事項填進行事曆中。

規則⑥

預留鍛鍊「心、技、體」的時間

接下來，請預留鍛鍊「心、技、體」的時間。

所謂的心、技、體，我的定義如下：

- 鍛鍊「心」：鍛鍊精神，轉換心情的活動。
- 鍛鍊「技」：學習知識、技能的活動。
- 鍛鍊「體」：有關美容、健康的活動。

鍛鍊心、技、體，是幫助你在工作上獲得成果的大前提，這些事情明明非常重要，但大家卻經常視若無睹，或將它們延後。倘若始終抱著「如果能做到就好了」、「要是有時間的話我也想去做」的心態，就絕對不可能實際採取行動。

因此最重要的，就是先預留鍛鍊心、技、體的時間。

例如，我習慣利用平日晚上和假日的時間來鍛鍊心、技、體，並在行事曆上填入至少半年份的計畫，計畫內容如下所示：

「心」

- 每週一次，帶小孩出遊。
- 每週一次，學習書法。
- 每月一次，到球場看球賽，替阪神虎加油。
- 隔月一次，看搞笑藝人現場表演。

「技」

- 每週一本，閱讀商業類書籍。

- 每週一次，寫部落格、電子報。
- 每月一次，參加公司外部的研習會。

「體」

- 每月兩次，上健身房。
- 每月兩次，美容塑身。
- 三個月一次，看牙醫。
- 每年一次，做全身健康檢查。

我認為把鍛鍊心、技、體的時間先預留下來，再調整安排工作的時間，就是一種效果卓越的行事曆規劃術。

另一方面，想要鍛鍊心、技、體，其實不需要預留一整段時間。你可以利用通勤或搭車時間等零碎時間來進行，例如閱讀商業類書籍、學英文等等。

前文中提到會念書的搞笑藝人，搞笑團體「ORIENTAL RADIO」的中田敦彥，就很推薦隨時隨地念一點書。

據說，他把英文單字或歷史年代等需要背誦的內容貼在洗臉台或浴室，利用刷牙洗澡的時間來背誦。此外，他還介紹了各種活用零碎時間的方法，諸如利用搭車時間來練習英文聽力、利用下課時間和同學互相出題考對方等等。

這些方法都可以應用在鍛鍊心、技、體上。

想在工作上變得幹練，活用零碎時間絕對是不可或缺的關鍵。

而與鍛鍊心、技、體以及活用零碎時間相對的時間用途，就是抽菸時間。

一般認為即使在公司裡設有吸煙室，每次抽菸加上來回的時間，大約是二十分鐘。假設每天在上班時間抽三支菸，一天就會浪費六十分鐘，一個星期會浪費三百分鐘（五個小時），一個月則會浪費一千三百二十分鐘（二十二個小時）。

更重要的是，抽菸不會帶來任何好處。

我至今已見過不計其數的頂尖業務員，然而在我的印象中，沒有一位頂尖業務員是老菸槍。

換句話說，重視時間規劃與生命規劃的人，不可能是老菸槍。

此外，為了鍛鍊技而進行輸入型的學習時，請務必以輸出為前提。

根據二〇〇八年二月十五日出刊的《科學》期刊，由美國普渡大學（Purdue University）的卡皮克（Jeffrey D. Karpicke）博士所提出的研究報告顯示，**反覆輸出，比反覆輸入更容易讓資訊深植於大腦中**。

例如：「讀完一本商業類書籍後，就立即在社群網站或部落格寫下書評」、「聽完一場研習後，便用十五分鐘簡短地將重點告訴同事或後進」等。也就是以輸出為前提來進行輸入。

如此一來，你的ROT就會增加好幾倍。

第 3 章

可提昇效率的「一日行程規劃術」

規則①

掌握安排會面時間的主導權

你在工作上和人約時間會面時，是否會問對方：「請問您什麼時候比較方便」或「請問您什麼時候有空」呢？

如果是的話，以後請不要再這麼做了。

幹練的商務人士會主動向對方提出三個左右的選項，例如：「我們約三日下午一點或三點，或者是四日上午十點如何？」

就算對方是客戶或前輩，也沒有關係。當然也有一些極少數的例外，但是與平時就有聯絡的人約時間的時候，請盡量自己掌握主導權。

即使將主導權握在手中，由於最終還是請對方從多個選項中選擇，因此並不會讓對方留下負面印象。

我在擔任業務員的時期，曾經把自己負責的一百間客戶依照所在區域分組，假如與A公司有約，我就會盡量安排，順道拜訪位在同一區域的B公司。

另外，請各位盡量自願擔任公司內部專案的組長或聚餐的主辦人。

這麼做雖然乍看之下好像自己攬下了許多麻煩事，但事實上擔任專案組長或主辦人最大的好處，就是可以依照自己方便的時間來規劃行程。

同時，這也是獲得他人信賴與好評的絕佳機會。請不要老是被別人牽著走，把這樣的事視為增加自己影響力的機會。

最重要的，是你應該盡早獲得能夠自己規劃行程的職位。

規則②

確保每天睡七個小時

NHK電視台在二〇一七年六月播出的特別節目「危險的睡眠負債」中，介紹了一份非常有意思的資料。

根據日本政府的國民健康、營養調查，日本人的平均睡眠時間有逐年縮短的趨勢。平均睡眠時間低於六小時的人，在二〇〇八年只有不到全國的三成，但是到了二〇一五年，卻急速增加到將近四成。相反地，睡眠時間在七個小時以上的人，則是從三四・五％減少為二六・五％。

美國賓州大學等機構的研究團隊，將實驗對象分成「熬夜組」和「睡眠六小時組」，研究他們的專注力有何變化。

一如預期，熬夜組的專注力從第一天開始就急速下降。

然而，睡眠六小時組的專注力在最初的兩天幾乎沒有變化，但是在兩天後，大腦的活動狀態便開始逐漸降低。沒想到在經過兩週後，其專注力竟和熬夜組經過兩晚後的專注力不相上下。

換句話說，**連續兩週只睡六小時的大腦，和熬夜兩晚的大腦狀態是幾乎一樣的**。

而且，據說睡眠六小時組對自己大腦活動能力的衰退完全沒有自覺。

除此之外，睡眠不足對「身」和「心」帶來的負面影響更是無需贅言。為了成為一個幹練的人，解除睡眠不足的狀態是絕對必要的條件。

一般認為成人最恰當的睡眠時間是七至八個小時，所以在規劃一天的行程時，首先必須確保至少七個小時的睡眠時間。

接下來要介紹三個有助於實踐睡眠七小時，並從一早就展現高效率的方法。

第一個方法，是不論平日或假日，都在固定的時間起床與就寢。

為了養成睡眠七小時的習慣，最基本的就是不論平日或假日，都不能改變生活作息的規律。

第二個方法，是假日要從早上開始安排行程。

大家都認為幹練人士「work hard, play hard」，無論工作或玩樂都很認真。實際上他們根本沒有公私的區別，不管做什麼事情，都會拚了命努力去做。

請在假日的早上安排鍛鍊心、技、體的行程，盡量維持穩定的生活作息。此外，讓假日過得有意義，也能提昇動機。

第三個方法，是從一大早就曬太陽並且淋浴。

據說剛起床時的腦袋之所以不太靈光，是因為副交感神經處於活躍狀態。活絡交感神經最有效的開關，就是「陽光」、「淋浴」和「水分、營養」這三樣東西。

順帶一提，我家臥室的窗戶只裝了紗窗，太陽一出來我就會曬到陽光，開始準備起床。雖然我也經常半夢半醒地在被窩裡多躺一下，不過其實陽光具有重新調整生理時鐘與作息節奏的效果。

人體一曬到太陽，負責調整生理時鐘的褪黑激素就會停止分泌，生理時鐘也就會被重新設定。

假如起床之後立刻淋浴，會更有助於原本被副交感神經控制的大腦切換至交感神經，讓身體變暖，促進代謝，活絡交感神經，頭腦也會比較清醒。

此外，**起床後立刻喝杯水或是吃些水果**，不但可以刺激神經，也能幫助大腦變得更清醒。

為了有效運用預期工作效率最佳的上午時段，請盡量讓自己從一大早就卯足全力。

規則③

決定上下班時間

請事先訂下平日的上班時間和下班時間，並記錄在行事曆裡。也就是規劃你在一生的寶貴時間中，投資在工作上的時間。

我個人認為最理想的工作時間是早上八點到晚上七點，不過當然必須視業務內容而定，因此請選擇最適合自己的時間。

最重要的一點是，請不要填寫在現實狀況中可能可以下班的時間，而是要設定一個你自己心中的理想下班時間。

請設定一個讓你覺得「如果能在這個時間下班，內心就會很雀躍」的時間。

常加班的人大多有個共通點，就是他們往往抱著「反正做不完的話，只要加班就好」的心態。一旦內心深處抱著這種心態，就絕對不可能提昇工作效率。為了避免陷入這種心態，請各位不要只是設定上班時間，連下班時間也必須自己決定。

一九五八年，英國的歷史、政治學家西里爾・諾斯古德・帕金森（Cyril Northcote Parkinson）提出了「帕金森定律」（Parkinson's Law），內容如下：

（第一定律）工作量會持續增加，直到填滿這份工作一開始被賦予的時限。

（第二定律）支出的金錢會增加到與收入相等。

直到現在，這兩個定律依然適用於我們的工作。

若沒有事先限制投資在工作上的時間，就無法控制持續增加的工作量。另外，若沒有事先限制消耗的時間，就無法預防無謂地消耗掉時間。

接下來我要介紹三個方法，幫助各位養成在自己設定的時間內完成工作的習慣。

第一個方法，是**在平日的晚上安排行程**。

如同假日早上一般，安排鍛鍊心、技、體的行程最為理想。

一般而言，一邊帶小孩一邊工作的職業婦女，她們的ROT通常很高，因為她們必須在固定的時間去幼稚園接小孩。也就是說，她們的下班時間是固定的，她們的工作前提是「在有限的時間內交出成果」，因此ROT才會這麼高。

第二個方法，是**事先告知主管和同事**。

常加班的人還有一種共通的心態，就是主管還沒走，所以不好意思先走。

就連在閱讀本書的此時此刻，各位的壽命時間也都正在確實地一點一滴流逝，絕對不可能增加。既然如此，把自己寶貴的時間「投資」在陪主管加班上，真的是好事嗎？很明顯地，這不是投資，而是消耗。

假如實在不好意思先走，就請事先對身邊的人宣告：「我每個星期一、三、五都要去上課進修」吧。

假如你的職場環境不允許這種事，就請把它當做檢視這家公司是否值得你繼續待的機會吧。

第三個方法，是**住在交通方便的地方**。

我大學畢業找到第一份工作時，曾經住在公司宿舍一段時間。宿舍距離公司要一個小時的車程，裡頭的設備無可挑剔，和同事及前輩的交流也非常開心，但這樣的居住型態，卻成了導致生活習慣不規律的原因。

此外，我也嘗試過利用上下班共兩個小時的通勤時間做些有意義的事，可是宿舍位於通勤時間非常擁擠的電車路線上，根本連書都沒辦法看。於是出社會的第二年之後，我就決定只住在通勤時間為三十分鐘以內的地方。

如此一來，我不但縮短了讓自己疲憊不堪的時間，也因為在公司和住家中間找到可以鍛鍊心、技、體的地方，而更容易養成習慣。

即使租金稍貴，不過只要用人生時薪的角度來思考，就可以說是一種相當划算的投資。

規則④

以四十五分鐘為單位管理所有行程

據說，人的專注力最長只能維持九十分鐘。不過關於這一點的真實性其實眾說紛紜，也有一說是四十五分鐘。

一般認為，在進行某種行為約十五分鐘後，腦內就會開始分泌讓人專心的多巴胺。換句話說，**如果是一份預計只要專注三十分鐘就可以完成的工作，就請預留四十五分鐘的時間。**

同樣地，預計只要專注七十五分鐘便可完成的工作，則必須預留九十分鐘的時間。

綜合以上所述，我建議各位以四十五分鐘為單位來規劃時間。

無論是面談或會議，都請以四十五分鐘為單位來安排。

假如面談或會議比預期還要早結束，便可以把多出來的時間當成「獎勵時間」，用來回覆電子郵件或電話。

此外，**假如專注力無法持續，就必須立刻切換至其他工作**。

人在做自己覺得有趣的事情時，腦內就會分泌多巴胺，因此假如專注力無法維持，就表示你還沒找到這份工作的意義。這時，請再次檢視你做這份工作的目的。

除此之外，我也建議各位把「預定時間」和「實際花費時間」之間的差距記錄下來。

請養成在預定行程的右側寫下實際執行的結果，並互相比較的習慣。

這麼做應該能讓你察覺到，自己在工作時總是不自覺地消耗了時間，同時幫助你找出自己的強項和弱點。

先檢視自己的行事曆規劃術，再把感覺加以具體化（數值化、文字化），就能成為重要的判斷依據。

規則⑤

將時間分成三種類型來管理

請把你決定投資在工作上的時間，分成「知識性工作時間」（Knowledge Work Time）、「合作性工作時間」（Collaboration Work Time）與「例行性工作時間」（Routine Work Time）三種。

原則上，平日的工作時間都是固定的，只要把預定計畫填入時間表即可。因此事先決定時間的用途並預留時間，是相當重要的。

①知識性工作時間：需要專注思考的工作（例如撰寫企劃書等）。

②合作性工作時間：與公司內外人士面談或開會。

③例行性工作時間：不需要花腦筋的例行公事（事務性工作等）。

請依照上述①、②、③的順序來安排你的行事曆。

原則上，知識性的工作時間應該安排在上午。因為起床後的三個小時是大腦效率最高的時間。

倘若把這個黃金時間消耗在回覆電子郵件、打電話或開會上，一整天的ROT就會降低。

例如我幾乎不會在上午安排會面，而是會把時間用來思考事業未來的發展或構思企劃書。

我撰寫本書的時間，也是設定在平日的九點到十二點這三個小時之間。在上午寫書的效率遠遠高於中午或晚上，這也讓我重新體認到上午的時光是多麼地重要。

有時也可以刻意把時間表打散，將一整天都設定成知識性工作時間。

微軟（Microsoft）創始人比爾．蓋茲（Bill Gates）有個眾所皆知的習慣，就是

「思考週」（Think Week）。

所謂的思考週，就是一整個星期遠離工作，在放鬆的狀態下大量閱讀，學習最新的技術，找回讓自己充滿創意的能量。

據說比爾・蓋茲每年都會安排兩次為期一個星期的思考週。在這一週內，不管是公司的員工、朋友，甚至連家人都不准和他聯絡。聽說微軟有許多重要的創新技術，都是以他在這一段期間中得到的靈感為基礎發展。

然而對於上班族來說，要預留一整個星期作為思考週，在執行上確實有其難度。不過，若換成是安排一整天專心思考的時間，應該也能提昇ROT才是。

此外，如果情況允許，**請在工作環境之外，另尋一個可以專心做事的環境，例如會議室、咖啡廳、圖書館等**。

以我為例，我撰寫本書內容的地點，絕大部分是在國會圖書館和早稻田大學圖書館，而不是我家或辦公室。在圖書館中，可以全部隔絕外界的資訊和聲音，是最適合寫作的場所。

趁著專注力較高的時候，在一個可以專心的環境裡工作，就能提昇你的ROT。請找出一個適合你的時間表和工作地點。

處理合作性工作的時間，則設定在容易睏倦的下午時段。

以我為例，我和客戶約碰面的時間，都會固定在「下午一點半到三點的九十分鐘」或「下午四點到五點半的九十分鐘」。

假如為了配合對方的時間，約在下午兩點或五點的話，就一定會產生無謂的零碎時間。所以為了避免這種狀況發生，我們必須自己先固定會面的時間。

如此一來，就可以請對方從多個時段裡選擇，既不會讓對方留下負面印象，也可以在自己方便的時間進行會談。

處理例行性工作的時間，可以安插在知識性與合作性工作時間的中間，幫助轉換心情。

比方說，整理檔案、製作紙本資料、打電話約時間、寫電子郵件等，這些都屬於例行性工作。

不過，例行性工作必須鎖定在只有自己能做的事情上，因此請盡可能地把時間集中在非你不可的工作上。關於這一點，我會在第四章再做詳細說明。

<table>
<tr><th colspan="3">／　　　（星期一）</th></tr>
<tr><td>5:00 AM</td><td></td><td></td></tr>
<tr><td>5:30 AM</td><td></td><td></td></tr>
<tr><td>6:00 AM</td><td></td><td></td></tr>
<tr><td>6:30 AM</td><td></td><td></td></tr>
<tr><td>7:00 AM</td><td></td><td>起床・拉筋伸展</td></tr>
<tr><td>7:30 AM</td><td></td><td>盥洗</td></tr>
<tr><td>8:00 AM</td><td></td><td>送小孩去托兒所</td></tr>
<tr><td>8:30 AM</td><td>上班</td><td>上班（內省）</td></tr>
<tr><td>9:00 AM</td><td rowspan="3">知識性工作時間</td><td rowspan="3">製作企劃書</td></tr>
<tr><td>9:30 AM</td></tr>
<tr><td>10:00 AM</td></tr>
<tr><td>10: 30 AM</td><td rowspan="2">例行性工作時間</td><td rowspan="2">回覆電子郵件、電話 ①</td></tr>
<tr><td>11:00 AM</td></tr>
<tr><td>11:30 AM</td><td rowspan="7">合作性工作時間</td><td rowspan="2">接受屬下提問討論 ①</td></tr>
<tr><td>12:00 PM</td></tr>
<tr><td>12:30 PM</td><td rowspan="2">前往他處（午餐）</td></tr>
<tr><td>1:00 PM</td></tr>
<tr><td>1:30 PM</td><td rowspan="3">面談 ①</td></tr>
<tr><td>2:00 PM</td></tr>
<tr><td>2:30 PM</td></tr>
<tr><td>3:00 PM</td><td>例行性工作時間</td><td rowspan="2">前往他處
（回覆電子郵件、電話 ②）</td></tr>
<tr><td>3:30 PM</td><td></td></tr>
<tr><td>4:00 PM</td><td rowspan="3">合作性工作時間</td><td rowspan="3">面談 ②</td></tr>
<tr><td>4:30 PM</td></tr>
<tr><td>5:00 PM</td></tr>
<tr><td>5:30 PM</td><td rowspan="2">例行性工作時間</td><td rowspan="2">返回公司
（回覆電子郵件、電話 ③）</td></tr>
<tr><td>6:00 PM</td></tr>
<tr><td>6:30 PM</td><td rowspan="2">合作性工作時間</td><td rowspan="2">接受屬下提問討論 ②</td></tr>
<tr><td>7:00 PM</td></tr>
<tr><td>7:30 PM</td><td>例行性工作時間</td><td>確認文件・撰寫報告</td></tr>
<tr><td>8:00 PM</td><td>下班</td><td>下班</td></tr>
<tr><td>8:30 PM</td><td></td><td>晚餐</td></tr>
<tr><td>9:00 PM</td><td></td><td rowspan="2">和孩子洗澡</td></tr>
<tr><td>9:30 PM</td><td></td></tr>
<tr><td>10:00 PM</td><td></td><td rowspan="2">看電視・閱讀</td></tr>
<tr><td>10:30 PM</td><td></td></tr>
<tr><td>11:00 PM</td><td></td><td rowspan="2">回覆電子郵件 ④</td></tr>
<tr><td>11:30 PM</td><td></td></tr>
<tr><td>12:00 AM</td><td></td><td>拉筋伸展・重訓</td></tr>
<tr><td>12:30 AM</td><td></td><td>就寢</td></tr>
<tr><td>1:00 AM</td><td></td><td></td></tr>
</table>

※本表格可下載電子檔。詳見第239頁。

規則⑥

有策略地運用午餐時間

根據NHK文化放送研究所進行的「二〇一五年國民生活時間調查」，日本國民平日的午餐時間，有四二%是在十二點到十二點半之間，有三〇%是在十二點半到一點之間。

在上述人最多的時間去吃午餐，根本沒有任何效率可言。

安排午餐時間的時候，請避開餐廳或便利商店人最多的時間，或是在上班途中就先順便買好午餐，才不用浪費時間等待。

順帶一提，我平常早餐只吃水果和加了高蛋白的牛奶，午餐則會選擇吃對身體有益的食物，晚餐大部分是與人聚餐，因此我會盡量避免攝取碳水化合物，只挑一點蔬菜和魚吃。

我真正能夠好好吃一頓飯的時間只有午餐，所以我的午餐時間相當固定，對飲食的攝取內容也絕不妥協。

當然，偶爾我也會想吃垃圾食物，但是當我捫心自問：「在一天只能吃一餐的狀況下，真的要吃那種東西嗎？」便能打消念頭。於是，我對每一餐的食物都抱著感恩的心情，更成功地在一年內減下了十公斤。

其實，這一切都是斷食（Fasting）的功勞。由於我養成每個月進行一次輕斷食的「習慣」，把每一次斷食都當作是感謝食物的機會，自然而然地對於用餐時間和自己的身體湧現感恩的情緒，漸漸地只想吃真正能讓身體感到愉快的食物。

同樣的道理，在討論時間規劃術的時候，這樣的想法也很重要。**希望各位只把時間投資在真正能讓自己的心感到快樂的事物上**。

此外，請避免習慣性地與同事一起吃午餐。將午餐時間當成知識性工作時間的延長，利用這段時間獨自思考也很不錯。

其他可以利用午餐時間做的事情，還包括「活力午睡」（Power-nap），也就是**吃完午餐後小睡十五至二十分鐘，能有效提昇ROT**。

活力午睡的概念，是康乃爾大學的社會心理學家詹姆斯·馬斯（James B. Maas）博士所提倡，在歐美已經有許多家企業採用，美國海軍甚至規定士兵在巡邏前必須進行活力午睡。

根據美國太空總署對太空人進行的實驗顯示，平均二十六分鐘的小睡，能讓認知能力提昇三四%，注意力提昇五四%。

我個人比較容易安排獨處的時間，又經常遭到睡魔侵襲，所以我都會把平日的午餐時間安排成「活力午餐」。

所謂的活力午餐，就是一邊吃午餐，一邊進行與工作相關的討論，諸如開會、面談，或是和事業夥伴、客戶進行事前商討等等。

透過將午餐時間安排成活力午餐的形式，不但能讓自己與客戶或事業夥伴共度的時光變得更有意義，也能有效提昇ROT。

最後，無論如何請你一定要避免的時間使用方式，就是「反正規定就是這樣，就在午休時間吃午餐吧」。

規則⑦

每天安排十五分鐘的內省時間

「若沒有深切的孤獨，就畫不出好作品。」

這是著名畫家畢卡索的名言。然而，不只是藝術，工作其實也是一樣的道理。忙碌的你，**可以藉由刻意安排的獨處時間，提昇工作的品質與效率**。

請養成在獨處時面對自己、進行內省的習慣，例如下班前的十五分鐘，或是睡前的十五分鐘。安排這些時間是很重要的，雖然十五分鐘不過佔一天當中時間的一％，卻能在提昇ROT上發揮極大的功效。

內省大致可分成三個階段：**回顧過去的內省、凝視現在的內省以及想像未來的內省**。

至於內省的順序，我建議先從未來回推想像到現在，再回溯過去，最後再一次想像已經成功的未來。

在想像未來的內省時，即使只是複誦一次以熱情測試為基礎，所描繪的未來想像也無妨（請參考第一章你列出來的熱情清單）。在剛開始內省時先複誦一次，到了隔天早上光是再瀏覽一遍文字，也能獲得極佳的效果。

在凝視現在的內省時，請試著一邊進行「正念冥想」（Mindfulness Meditation）與「自由書寫」（Journaling）。

近年在美國蔚為風潮的「正念」（Mindfulness），在日本也開始受到注目。

所謂正念，是將意識集中在當下的瞬間，不管過去和未來，拋開成見和善惡等判斷，接納真實的現狀以及內心的狀態，並仔細玩味。我個人將它理解為對當下的時空心懷感謝。

接下來，我想為各位介紹正念冥想的基本步驟。關於正念冥想的詳細內容，請自行參考《Google 最受歡迎的正念課》一書。

正念冥想的基本步驟，首先請將注意力集中在自己的呼吸上。不過當我們把注意力集中在呼吸上幾分鐘之後，就會開始分心，出現雜念。一旦發現這種情形，就再次將注意力集中在呼吸上。

只要重複上述步驟，在日常生活或工作時容易注意力渙散的你，也能在緊要關頭恢復正常表現。

自由書寫又被稱為正念書寫，是一種透過將心中所想的一切全部寫出來，幫助自我省思的方式。

美國德州大學的詹姆斯·潘納貝克（James W. Pennebaker）教授做了一個研究，讓失業的知識份子連續五天、每天花二十分鐘自由書寫自己的心情，據說在八個月後，他們找到工作的比例為六八·四%，高於一般人的平均四〇%。

另一方面，沒有進行自由書寫的對照組，找到工作的比例只有二七・八%。

美國密蘇里大學的研究也顯示，讓四十九名大學生連續兩天、每天花兩分鐘進行自由書寫後，他們的身心健康狀態都有提昇。

請試著在目標達成習慣養成報告表單（請參照第105頁）的「對自己的稱讚」以及「對周遭的感謝」欄位中，將心中所想到的全部寫下來。這就是你的自由書寫。

在回顧過去的內省時，要做的是「反思」（Reflection）。

所謂的反思，就是暫時跳脫平常的業務和環境，回顧自己長期以來累積的經驗。如果要每天進行反思，請探究當天發生的事情的真正意義，重新檢視自己在這個經驗裡所扮演的角色。如此一來，未來在面對同樣的狀況時，就能夠迅速掌握有助於將事情處理得更妥善的戰略或戰術。

反思和反省雖然很相似，但其實是有所差異的。

反省是針對自己的失敗經驗進行回顧，分析自己哪裡出了錯。這是為了避免重蹈覆轍的必要步驟，然而卻容易湧現負面的情緒。

反思則是回顧自己一整天所發生的事情，站在客觀的角度重新檢視自己。也就是用中立的情緒，客觀地回顧自己的一言一行。

請養成思考「假如可以重來一次，我會怎麼做？」並將想法寫下來的習慣。這些內容也請填入目標達成習慣養成報告表單中。

成功人士的共通點之一，就是他們都有寫日記的習慣。

許多一流的企業經營者、企業家都會寫日記，比方說，從經營之神松下幸之助到京瓷公司的稻盛和夫、優衣庫的柳井正等等。另外，足球選手本田圭佑、長友佑都，花式溜冰選手羽生結弦、體操選手內村航平等頂尖運動員，也都有寫日記的習慣。

以日本足球代表隊選手本田圭佑為例，他從小學六年級開始每天寫日記，而且從未間斷。據說他將那些日記稱為「夢想筆記本」，至今已超過一百本。

本田先生在小學的畢業文集中，寫下「我要成為全球第一的足球選手」的明確目標。據說本田先生開始寫日記的契機，是因為他的叔公本田大三郎。大三郎曾是東京奧運的輕艇選手，他的兒子本田多聞則是奧運角力選手。本田圭佑就是在他們的建議之下，才養成寫日記的「習慣」。

聽說本田圭佑在日記裡，鉅細靡遺地記錄每場足球比賽的內容，而且他寫日記時，一定會使用過去完成式來描寫目標。

本田圭佑在小學畢業文集裡，寫的目標內容為「我正穿著背號十號的球衣，在義大利足球甲級聯賽裡踢球」，事實上他在日後也真的達成了。這樣的內省，正是讓他達成各種目標的原點。

透過寫日記，可以幫助自己察覺「今天的自己」比「昨天的自己」更成長了一些。持續累積這樣的自覺，就會成為自信和動機的原動力。**回顧過去的內省，其實有助於創造未來。**

最後，請想像「明天」這個現實的未來，然後結束今天的內省。

具體來說，就是找出明天的目標及任務，具體勾勒出明天一整天凡事順利成功的情景。請養成習慣，每天晚上都把這些寫在目標達成習慣養成報告，隔天的「今天的任務」及「今天的目標」欄位裡。

內省主要有三個好處。

第一個好處是**身心都能變得健康**。透過內省，不但壓力減輕、不容易產生負面情緒，還能培養自我肯定感，增強自信和動機。

第二個好處是**專注力提高**，不會遺漏真正重要的事物。

第三個好處是**更容易挑選出必要的戰略和戰術**。在身心健全的狀態下，可以清楚判斷何者才是最重要的，避免做出錯誤的戰略和戰術。

不用把自省這件事想得太難。

請養成在一天快要結束的時候，進行獨自內省的習慣。一開始，就算是在健身房跑步、做瑜珈或皮拉提斯，或是美容塑身的時候，都沒有關係。

人唯有誠實面對自己，才能真正擁有前進的力量。

目標達成習慣養成報告	
今天的任務	結果
今天的目標	
對自己的稱讚	
對周遭的感謝	
假如可以重來一次	

※本表格可下載電子檔。詳見第239頁。

第 4 章

讓你從忙碌中解放的「時間規劃術」

在本章裡，我想和你一起檢視每一天的時間用途。

我們該如何把原本的時間規劃術，轉換成幹練人士的時間規劃術呢？接下來，我會分成十個步驟，逐一具體說明。

當你熟悉這個時間規劃術之後，相信你就能從每天喊忙的日子中解脫。

用十個步驟重新檢視你的「時間用途」

步驟① 分析自己把時間花在何處。
步驟② 重新檢視優先順序。
步驟③ 放棄無謂的任務（做出取捨）。
步驟④ 將任務系統化。
步驟⑤ 將工作託付他人。
步驟⑥ 與「他人」的「其他任務」合作。
步驟⑦ 想辦法達到一石二鳥。
步驟⑧ 訂出自己的規則。

步驟⑨　把工作「例行化」，快速而確實地執行。

步驟⑩　縮短達成任務的時間。

當完成所有步驟之後，最後一步就是思考該如何縮短時間。

現在，我們就從步驟①開始依序檢視吧。

步驟①

分析自己把時間花在何處

相信有不少人每天都在喊忙，不過卻無法正確掌握自己究竟「花了多少時間在什麼事情」上。

「忙」這個字是由心和亡所組成，在日文裡有著「把心給搞丟了」的意思。為了從忙碌中解脫，我們首先必須改變的就是態度。

以我個人為例，大約從十年前開始，我就盡量提醒自己不要使用忙這個字，當我很忙的時候，我都會改說很辛苦。

辛苦的日文漢字寫作「大変」，也就是「重大的改變」的意思。我是為了告訴自己「我正面臨一個即將帶來重大改變的 Tipping Point」，才故意選擇這個詞彙。

正如前文所述，**關鍵在於必須先改變態度，再來檢視確認在你目前完成的任務當中，你投資了多少時間以及頻率。**把自己的忙碌加以具象化，就是幫助你從忙碌中解放的第一步。

接下來，請將你的忙碌加以具象化，並進行分析。

以下請分成兩個階段來進行。

階段①　列出所有行程

首先，請翻開你的行事曆，找出最具代表性的一週。請挑選對你而言非常普通的一週，而非有特殊活動的一週。

接著，請把你在那一週內扣掉睡眠和生活時間（刷牙、上廁所、穿衣服等）之外的所有行程任務，都寫在便利貼上。一張便利貼只寫一個任務。

請將你每週投資（或是消耗）了「一個小時以上」的任務全部列出，包括公務與

私人行程。

比方說，A先生任職於某大企業，擔任業務部門的業務兼經理（Playing Manager），假設他一週的行程如下：

【公務】

- 打電話給潛在客户。
- 製作（明天之後的）電訪名單。
- 接待（臨時來訪的）客户。
- 處理客訴。
- 製作（急迫的）報價單。
- 委託會計部門製作請款單。
- 製作（期限在即的）公司內部會議所需資料。
- 製作（期限在即的）向客户提案用的資料。

- 翻找紙本資料。
- （在報告前一刻）製作要交給部長的報告書。
- 出席重要會議。
- 回覆客户的電話與電子郵件。
- （多抓一點時間）通勤（包括往返）。
- 整理紙本資料。
- 向部長提出改善職場環境的方案。
- 在社群網站撒網行銷，吸引潛在客户。
- （計畫性地）拜訪客户。
- 接受屬下（臨時的）提問討論。
- 處理來自同仁的電話和電子郵件。
- 製作會議記錄。
- 出席沒有意義的會議。
- 確認屬下提出的日報表並撰寫評語。

【私人行程】

- （計畫性地）用餐。
- 照顧（突然）受傷的母親。
- （慌忙地）到托兒所接送小孩。
- 因感冒去內科就診，拿藥。
- 進行內省。
- 去牙醫進行定期檢查。
- 參加公司外部的讀書會。
- 閱讀商業類書籍。
- 去健身房做重訓。
- 泡半身浴。
- 和同事喝酒。
- 抽菸。
- （長時間）看電視。

- （長時間）看 YouTube。
- （漫無目的地）上網。

請像這樣把所有做過的事寫出來，再計算出你在這一週當中投資了多少時間（或是消耗了多少時間）在每項任務上。接著請在便利貼上的任務旁，逐一寫下該任務所佔的總時間。

順帶一提，我在這裡是為了方便列舉，因此才用「公務」和「私人行程」來區分，但我本身其實並沒有公務和私人行程之分。

我認為公務和私人行程互為表裡，以中長期的眼光來看，不可能只有其中一方順利。**我認為，正因為私人行程很充實，所以才能專心在公務上；正因為公務順利，才能打從心底享受私人行程。**

【公務】

- 打電話給潛在客戶　3 小時

- 製作（明天之後的）電訪名單　3小時
- 接待（臨時來訪的）客户　1小時
- 處理客訴　1小時
- 製作（急迫的）報價單　1小時
- 委託會計部門製作請款單　1小時
- 製作（期限在即的）公司內部會議所需資料　2小時
- 製作（期限在即的）向客户提案用的資料　4小時
- 翻找紙本資料　1小時
- （在報告前一刻）製作要交給部長的報告書　1小時
- 出席重要會議　4小時
- 回覆客户的電話與電子郵件　2小時
- （多抓一點時間）通勤（包括往返）　5小時
- 整理紙本資料　1小時
- 向部長提出改善職場環境的方案　1小時

- 在社群網站撒網行銷，吸引潛在客户　2小時
- （計畫性地）拜訪客户　6小時
- 接受屬下（臨時的）提問討論　5小時
- 處理來自同仁的電話和電子郵件　2小時
- 製作會議記錄　2小時
- 出席沒有意義的會議　2小時
- 確認屬下提出的日報表並撰寫評語　3小時

【私人行程】

- （計畫性地）用餐　12小時
- 照顧（突然）受傷的母親　5小時
- （慌忙地）到托兒所接送小孩　4小時
- 因感冒去內科就診，拿藥　1小時
- 進行內省　2小時

- 去牙醫進行定期檢查 1小時
- 參加公司外部的讀書會 3小時
- 閱讀商業類書籍 5小時
- 去健身房做重訓 3小時
- 泡半身浴 3小時
- 和同事喝酒 5小時
- 抽菸 5小時
- （長時間）看電視 10小時
- （長時間）看YouTube 1小時
- （漫無目的地）上網 5小時

一天到晚說自己「很忙」的人，大多無法確切掌握自己花了多少時間在什麼事情上。所以我非常建議各位先做出這樣的整理。

階段②整理你的時間管理矩陣

現在，我們要用知名的「時間管理矩陣」（Time Management Matrix）來整理、分析上述的任務。

所謂時間管理矩陣，就是以「急迫性」與「重要性」相乘組合後所得的四個象限。這是在《與成功有約：高效人士的七個習慣》一書中介紹的框架，是所有時間管理術的基礎。

首先，請使用「急迫性」和「重要性」這兩個量尺，將你已經列成清單的任務分類至下列四個象限。

第Ⅰ象限（Must Task）：既急迫又重要的事項。
第Ⅱ象限（Valuable Task）：不急迫但重要的事項。
第Ⅲ象限（Should Task）：急迫但不重要的事項。

第Ⅳ象限（Worthless Task）：既不急迫也不重要的事項。

急迫性和重要性的高低，可以用下列基準來判斷。

屬於高急迫性的，就是已經讓別人等待的事項，或是必須盡快委託、發包出去給別人處理的事項。

屬於高重要性的，就是符合你的熱情與使命的事項，以及對你達成重要目標有所貢獻的事項。也就是說，只要是在你心中具有某種意義的任務，都可以判斷成重要性高的事項。

假如很難判斷一件事情重要與否，可以試著用「這份工作所帶來的利益」除以「花在這份工作上的時間」來計算，假如得出的數字高於你的理想人生時薪，就請判斷為重要。

倘若得出的數字低於你的目前人生時薪，就意味著你的時間消耗在不具生產性的任務上了。

	急迫			不急迫		
重要	第Ⅰ象限（義務活動）		24小時	第Ⅱ象限（投資活動）		26.5小時
	1	製作向客戶提案用的資料	4小時	1	（計畫性地）拜訪客戶	6小時
	2	出席重要會議	4小時	2	（多抓一點時間）通勤	5小時
	3	照顧受傷的母親	3小時	3	閱讀商業類書籍	3小時
	4	打電話給潛在客戶	3小時	4	泡半身浴	3小時
	5	製作電訪名單	3小時	5	去健身房做重訓	2小時
	6	製作公司內部會議所需資料	2小時	6	在社群網站吸引潛在客戶	2小時
	7	回覆客戶的電話與電子郵件	2小時	7	參加公司外部的讀書會	2小時
	8	到托兒所接送小孩	1小時	8	進行內省	1.5小時
	9	接待來訪客戶	1小時	9	整理紙本資料	1小時
	10	製作要交給部長的報告書	1小時	10	提出改善職場環境的方案	1小時
不重要	第Ⅲ象限（應變活動）		29小時	第Ⅳ象限（多餘活動）		26小時
	1	（不規則地）用餐	7小時	1	（長時間）看電視	10小時
	2	接受屬下（臨時的）提問討論	5小時	2	和同事喝酒	5小時
	3	確認屬下提出的日報	3小時	3	抽菸	5小時
	4	處理來自同仁的電話	2小時	4	（漫無目的地）上網	5小時
	5	製作會議記錄	2小時	5	（長時間）看YouTube	1小時
	6	出席沒有意義的會議	2小時	6		小時
	7	去內科看感冒	1小時	7		小時
	8		小時	8		小時
	9		小時	9		小時
	10	上述以外的用途不明時間	7小時	10		小時

※本表格可下載電子檔。詳見第239頁。

請將剛才寫下的一週內任務分類至四個象限，並且加以整理，接著再依照合計時間的大小，依序排列。

【第一象限 既急迫又重要】＝「Must Task」

①製作（期限在即的）向客戶提案用的資料 4小時
②出席重要會議 4小時
③照顧（突然）受傷的母親 3小時
④打電話給潛在客戶 3小時
⑤製作（明天之後的）電訪名單 3小時
⑥製作（期限在即的）公司內部會議所需資料 2小時
⑦回覆客戶的電話與電子郵件 2小時
⑧（慌忙地）到托兒所接送小孩 1小時
⑨接待（臨時來訪的）客戶 1小時

⑩（在報告前一刻）製作要交給部長的報告書　1小時
⑪處理客訴　1小時
⑫製作（急迫的）報價單　1小時
⑬委託會計部門製作請款單　1小時
⑭翻找紙本資料　1小時

一般人經常誤以為最理想的狀態，就是把「第Ⅰ象限」（Must Task）的任務全部完成。然而，**把時間比重分配在第Ⅰ象限，只是顯示你單純被工作壓得喘不過氣罷了。**

第Ⅰ象限的任務，可以藉由把時間投資在第Ⅱ象限而減少。也就是說，第Ⅰ象限的任務，絕大部分都是可以透過事先訂立計畫、提前準備而避開或減少的。

例如「製作（明天之後的）電訪名單」這個任務，只要事先選擇「從外部購買」或「委託業務助理處理」等處理方式，就可以避開了。

【第II象限 不急迫但重要】＝「Valuable Task」

①（計畫性地）拜訪客戶　6小時
②（多抓一點時間）通勤（包括往返）　5小時
③閱讀商業類書籍　3小時
④泡半身浴　3小時
⑤去健身房做重訓　2小時
⑥在社群網站撒網行銷，吸引潛在客戶　2小時
⑦參加公司外部的讀書會　2小時
⑧進行內省　1.5小時
⑨整理紙本資料　1小時
⑩向部長提出改善職場環境的方案　1小時
⑪去牙醫進行定期檢查　1小時

第Ⅱ象限裡，包括符合你的熱情、使命及願景、對你的目標有所貢獻，以及鍛鍊心、技、體的事項。

例如「在社群網站撒網行銷，吸引潛在客戶」，乍看之下彷彿像是玩樂般的事，只要把重點放在目的，就可以列入第II象限。

【第Ⅲ象限 急迫但不重要】＝「Should Task」

①（不規則地）用餐　7小時
②接受屬下（臨時的）提問討論　5小時
③確認屬下提出的日報表並撰寫評語　3小時
④處理來自同仁的電話和電子郵件　2小時
⑤製作會議記錄　2小時
⑥出席沒有意義的會議　2小時
⑦因感冒去內科就診，拿藥　1小時

站在時間規劃的角度來看，改善空間最大的，就是第Ⅲ象限。這裡所舉出的任務，全都是可以透過採取某種戰術，就能避開、減少、委外或縮短的。

在這個象限中，應該執行的任務確實很多，同時應該放棄的任務也不少。

此外，將所有任務仔細檢視一次之後，有時還會發現一些「用途不明的時間」。人們大多會在沒有自覺的狀況下消耗掉時間，這個時候，請將這些時間歸類為用途不明的時間，一併列入第Ⅲ象限。

【第Ⅳ象限 既不急迫也不重要】＝「Worthless Task」

①（長時間）看電視 10小時

②和同事喝酒 5小時

③（漫無目的地）上網 5小時

④抽菸 5小時

⑤（長時間）看YouTube 1小時

第Ⅳ象限裡絕大部分的事項，除了時間以外，甚至連金錢也會無謂地消耗掉，因此實在應該斬草除根。不過，假如能為「看電視」這項活動賦予明確的目的或目標，也不一定就完全一無是處。

以我為例，我從以前就很喜歡看綜藝節目，而我看電視的目的是為了學習溝通技巧，實際上我也真的運用了那些技巧。像這種狀況，看電視便可以放在第Ⅱ象限。

最後，請計算出你投資（或消耗）在各象限任務上的總時數，並計算各象限在整體中所佔的比例（％）。

假如投資在第Ⅱ象限的時間不到整體的二〇％，就表示你的職業生涯正處於非常危險的狀態。因為這代表你沒有為鍛鍊心、技、體，也沒有為在工作上拿出成效的準備留下充分的時間。

另外，急迫性較高的第Ⅰ和第Ⅲ象限，如果加起來的比例超過五〇％，就表示你已經被時間逼得喘不過氣了。

而重要性較低的第Ⅲ和第Ⅳ象限，加起來的比例假如超過五〇％，就表示你的時間都被消耗掉了。很遺憾，我相信你周遭的人對你工作表現的評價一定不高吧。

所以檢視一下，到目前為止，你的人生都被哪一個象限給佔據了呢？

假如第Ⅳ象限佔的比例超過三〇％，就表示你過著像是自由業般的生活。

不過閱讀這本書的讀者，應該幾乎沒有從事自由業的人吧。假如你身邊有這樣的朋友，請務必推薦他讀這本書。

假如第Ⅲ象限佔的比例超過三〇％，就表示你過著像是典型上班族般的生活。

你應該並不是依照自己的意志主動積極地工作，而且在精神與肉體上都已經感到疲憊不堪。

假如第Ⅰ象限佔的比例超過三〇％，就表示你的工作型態像是業務兼經理一般。

儘管責任重大，但仍然必須親自處理各種繁雜瑣碎的任務。

最後，**假如第Ⅱ象限佔的比例超過三〇％，就表示你的自我管理已經漸漸步上軌**

道了。

除了自僱者之外，擔任企業經營者或主管職的人，投資在生活中的時間如果不能以第II象限為主，可能就很難達成目標。

在企業經營者和主管職的身邊，總是充滿著做了比較好的事情。假如你總是這個也想做、那個也想做，把時間都消耗在第I象限，那麼很可能每件事情都會變得虎頭蛇尾。

另外，像這樣的人，應該也沒有預留鍛鍊心、技、體的時間。假如你是部屬，你能從這樣的主管身上感受到領導魅力嗎？

盡可能地把時間投資在第II象限，才是幹練人士的最佳時間規劃術。

把時間投資在第II象限，可以獲得一個極為重要的回饋。

只要能增加第II象限，就能減少第I象限。更精準地說，其實不只是第I象限，就連消耗在所有象限的時間，都能夠置換成投資在第II象限的時間。

用有關人體健康的活動來比喻，或許比較容易理解。

請把第Ⅰ象限比喻為緊急手術、把第Ⅱ象限比喻為適度的運動和健康檢查、把第Ⅲ象限比喻為治療小感冒或肩頸酸痛、把第Ⅳ象限比喻為抽菸、酗酒等對健康有害的行為。

假如增加第Ⅱ象限，也就是進行健康檢查的次數，就可以避免等同於第Ⅰ象限緊急手術的風險；如果增加相當於第Ⅱ象限的適度地運動時間，或許就不需要等同於第Ⅲ象限的治療小感冒或肩頸酸痛了。

幹練的人，通常牙齒都很漂亮，沒有蛀牙。其實這並不只是因為他們重視打理外表，而是因為他們把時間投資在看牙齒這項屬於第Ⅱ象限的行為上。

此外，一般而言，因為第Ⅰ象限增加而形成的壓力，往往會使得第Ⅳ象限也跟著增加。但是只要刻意將時間投資在第Ⅱ象限，那麼第Ⅳ象限的事項就會減少。

如前文所述，把時間投資在第Ⅱ象限是非常重要的。

最極端的例子，就是所謂的「農場法則」。《與成功有約：高效人士的七個習慣》的作者史蒂芬．柯維博士針對這個法則的說明如下：

「有冬天的耕耘、春天的播種、夏天的除草，才會有秋天的收穫。想在秋天收穫，卻在秋天播種，是不可能有收穫的。」

透過完成「在春天播種」，也就是投資屬於第Ⅱ象限的任務，就能夠達成「在秋天收穫」的目標。

步驟②

重新檢視優先順序

在檢視你的時間用途時，最重要的一點，就是只要專注於重要性高的事情即可。

也就是說，**把時間投資在第Ⅰ和第Ⅱ象限就好**。

為此，我們必須避開第Ⅳ象限，同時把第Ⅲ象限減到最少。

藉由將時間集中投資在第Ⅱ象限，好好地管理第Ⅰ象限，也很重要。

這裡所說的管理，意思是面對第Ⅰ象限的任務時，要自己主動去處理、分配，而不是把它視為「被交代的工作」。

不過，即使頭腦理解這些事情的優先順序，一般人還是很難把時間投資在第Ⅱ象限。因為在公司裡，急迫性較高的任務總是會突然冒出來插隊，相信各位讀者應該也很清楚，這種事情會很頻繁的一再發生。

接下來，我要為各位介紹一個想優先把時間投資在第Ⅱ象限時，所必備的態度。那就是「**從大石頭開始放**」的概念。

在我擔任講師的富蘭克林柯維日本分公司，我們在「七個習慣」的研習會上，經常會使用一段很有名的影片（https://7habits.jp/learning.html）。

影片裡，史蒂芬．柯維博士的面前放著兩個一樣大的水桶，還有許多大石頭和像砂礫一樣的小石頭。

柯維博士先把小石頭倒進其中一個水桶，接著他請一位學員把剩下的大石頭全部裝進水桶裡。

這名學員試圖把大石頭塞進已經裝滿小石頭的水桶裡，卻無法全部塞進去。

這時柯維博士提議，先把大石頭放進另一個水桶裡試試看。

學員先把所有的大石頭放進水桶，再倒進小石頭，兩個水桶明明就一樣大，但這次大石頭和小石頭卻都順利裝進去了。

在這段影片中的大石頭就代表第II象限的任務，小石頭則代表其他象限的任務。這是在提醒我們，規劃時間時也應該先從相當於大石頭的第II象限開始，再用相當於小石頭的其他象限任務，去填滿剩下的零碎時間。

只要養成這個習慣，就能奠定「幹練人士的最佳時間規劃術」的基礎。儘管第II象限的重要性很高，卻因為不具急迫性，往往順序很容易被排到後面。為了預防這樣的情形，最重要的就是從**第II象限的任務開始規劃**。

如前文所述，我們應該用優先順序來思考，依序從重要性最高的第II象限、第I象限開始規劃行程，再利用零碎時間來處理重要性較低的第III及第IV象限的任務。

總而言之，最關鍵的原則，就是把重要性擺在第一優先。

專欄

站在管理任務的角度來「重新檢視優先順序」

因為職務的關係，經常有人來找我諮詢管理任務的方法。我踏入職場將近二十年來，曾使用各種不同的記事本或雲端服務來管理任務。我從這些經驗中得到的結論就是——用便利貼來管理任務，其實是最有效的。

在管理任務時，最重要的就是「可以馬上確認」以及「可以馬上調整」這兩點，不過光憑用記事本或雲端服務很難做到。站在這個角度來看，把任務寫在便利貼上，的確比較方便管理。

接下來，我想介紹一下我個人也在使用的簡單任務管理方法——「四象限 TO DO LIST」。

首先，把任務分成「公務」和「私人」。

接著，再細分為「今天要做的事」和「明天以後再做的事」。

最後再從最優先的任務開始，依序將任務寫在便利貼上。

我會在前一天晚上的內省時間進行這項工作，隔天早上再做一次確認之後，才開始工作。

請把這些便利貼貼在你一眼就能看見的地方，最好是在工作中視線所及的範圍內。

以我個人為例，我會把「今天要做的事」貼在筆記型電腦觸控板的左邊，把「明天以後再做的事」貼在右邊，並且分別分成公務和私人兩個部份來記錄。

	今天的任務	結果
公務		
私人		

每當我完成一個任務之後，就把那張便利貼撕除；假如任務的優先順序改變了，便馬上進行調整。

像這樣把任務加以具象化，每做完一件事，便利貼就會減少一張，如此一來，也能帶來維持動機的效果。

步驟③

放棄無謂的任務（做出取捨）

對重要性偏低的第Ⅲ和第Ⅳ象限來說，最重要的就是做出取捨。

說到取捨，各位腦海中浮現的印象也許是「決定是否進行一個新的挑戰」或「決定是否去做一件重要的事」。不過這裡所說的取捨，其實是決定捨棄某些任務。

取捨的本質，正是捨棄與人生的目的無關的事物。

接下來，我要說明做出取捨的步驟。

當然，**首先最需要取捨的任務，就是第Ⅳ象限。**

在前文案例中提到的業務兼經理A先生，他的第Ⅳ象限內容如下：

①（長時間）看電視　10小時
②和同事喝酒　5小時
③（漫無目的地）上網　5小時
④抽菸　5小時
⑤（長時間）看YouTube　1小時

除此之外，他的第Ⅳ象限裡還包括：

- 參加沒什麼興趣的聚會。
- 因為習慣而去參加續攤活動。
- 和同事一起去吃午餐，在店裡排隊。
- 說別人的壞話。
- 在網路上搜尋藝人的八卦。
- 玩手機遊戲。

• 沉迷賭博。

假如你想不出這些事情對你的人生有任何正面的幫助，就應該立刻做出取捨。只要做出取捨，第Ⅳ象限裡應該就不會出現對人生產生負面影響的事情。

在和企業經營者社交、往來的過程中，我經常接到「打高爾夫球」或「參加慶生會」的邀請，可是我都一概婉拒。所以到現在已經沒有人約我了。

我知道參加這些聚會對工作有幫助，但是「打高爾夫球」會佔據我和家人難得的相處時間，而且只要參加過一個人的「慶生會」，接下來就會沒完沒了，所以我每次都會做出取捨。

此外，**針對人際關係，我也會定期做出取捨。**

我自己在心裡訂下了一個原則，那就是「不要把時間浪費在不對勁的人身上」，然後我便始終忠於這個原則。這也是一種取捨的表現。

只不過，假如是在二十幾歲時的年紀，也就是在器量還不夠大的狀態下執行這樣的原則，或許會被認為是年輕人的狂妄。因此最重要的還是必須持續鍛鍊心、技、體，**養成客觀地檢討自己是否有過錯的習慣**。

我自從在三十歲時研讀了心理學之後，就再也不會依個人喜好喜歡或討厭別人了。因此在這種狀況下，對方還是讓我覺得不對勁的話，我就會判斷他是一個非常差勁的人，盡量不要和他有交集。

我所謂的不對勁，意思是指「言行不一」、「對人的態度會因人而異」、「無法控制自己的情緒」或是「講話總是帶著批判或負能量」的人。

我在這二十年來的職業生涯中，從來沒有接過因為自己犯錯而造成的客訴。不過自從我擔任研習會的講師後，偶爾在公開講座上，會收到學員在問卷調查上留下類似抱怨的內容。

那些學員們在問卷上打了很低的分數，並且表示「研習的內容全都是我已經知道的東西」。看見這樣的回饋，我也不免感到心情低落。

然而，根據事後了解，那樣的人大多在其他研習會上也會做同樣的事，在職場上的表現也很令人頭痛。

世上沒有比將時間花在那些「怪物客戶」身上，還要浪費時間的事了。假如有時間理會他們，還不如把時間投資在尋找更需要我服務的客戶上，這樣才稱得上是聰明的時間規劃術。

接著，**應該做出取捨的任務，就是第Ⅲ象限**。

前文案例中的業務兼經理A先生，他的第Ⅲ象限內容如下：

①（不規則地）用餐　7小時
②接受屬下（臨時的）提問討論　5小時
③確認屬下提出的日報表並撰寫評語　3小時
④處理來自同仁的電話和電子郵件　2小時
⑤製作會議記錄　2小時

⑥出席沒有意義的會議　2小時
⑦因感冒去內科就診，拿藥　1小時

首先我們必須了解，第Ⅲ象限的任務特徵，都是一些絕大部分因別人對你說「可以打擾一下嗎」、「總而言之先把這件事做好」、「保險起見先準備一下」所產生的工作。

A先生也一樣，他的任務看來有不少是因為主管或屬下找他才產生的。針對這類事情，彼得．杜拉克說：

「幹練的人懂得說『NO』。他們敢說出『這不是我分內的工作』。」

幹練的人只會專注在重要性較高的任務上。就算是乍看之下急迫性很高的任務，只要對你來說重要性很低，就應該立即做出取捨。

只不過，面對主管交辦的工作，可能有很多人無法在當下做出取捨吧。

這個時候，我建議你向主管提議：「可不可以先不要執行，暫時觀察一下狀況？」並請忍耐住不要真的去做。相信你會發現，很多時候就算你沒做那件事，對工作的結果也不會造成任何影響。

當你煩惱著不知道該不該做出取捨的時候，請比較一下「繼續做這件事所帶來的負面影響」以及「不做這件事所帶來的負面影響」。

其實，做出取捨所帶來的負面影響根本不可能比較大。彼得．杜拉克是這麼說的：

「我們必須找出完全不必要做的工作與浪費時間的工作，把它們全部扔掉。在面對所有工作時，只要思考『假如我什麼都不做，會發生什麼事？』就夠了。假如你的答案是『什麼都不會發生』，那麼就應該立刻停下這個工作。」

但是你也不必只考慮是否要做出取捨，因為有許多任務只要改變意義，就能轉換到第Ⅱ象限。

最棘手的，就是看起來很急迫的第Ⅲ象限，以及看起來很重要的第Ⅰ象限中的任務。彼得．杜拉克也曾經說過：

「世界上最沒效率的事，就是很有效率地完成一件根本沒必要做的事。」

被歸類至第Ⅰ和第Ⅲ象限的任務中，經常包括打從一開始就沒有必要做的事。

因此，**請試著養成習慣，針對被歸類至第Ⅰ和第Ⅲ象限的每一個任務，問自己：**

「我想透過完成這項任務解決（實現）什麼？」

這麼一來，你就能掌握必須執行這項任務的真正目的。

當再次確認目的之後，就可以回歸原點，再次檢討為了達成這個目的所必須採取的手段。以結果而言，你可能會發現這項任務其實並不是最適切的解決方案。這時，請改用別的任務來替換。

另外，你也必須徹頭徹尾地重新檢視，「只是為了做而做」的任務，例如每週固定進行的面談或會議等。

接下來，請用以下觀點，重新檢視你記錄在第Ⅰ與第Ⅲ象限裡的任務。

- 是否為徹底解決問題的最佳方案。
- 是否具有明確目的。

假如答案是「NO」，就請做出取捨，或是用其他任務來替換吧。

當你在第Ⅲ和第Ⅳ象限做出取捨之後，請把寫在便利貼上的任務，用紅筆畫兩條線刪除。

為了只留下真正重要的事情，你必須自己做出取捨。

專欄

省下「找東西」的時間

根據英國某保險公司針對三千名成人進行的一項調查顯示，**人平均一天要找九個東西，一天平均消耗十分鐘在找東西上**。假如用人的一生來換算，就相當於一百五十三天。

因此我們可以大膽推測，第Ⅲ象限中那些用途不明的時間，應該有絕大部分都是花在這種事上面。

也就是說，只要將身邊的東西（物品和資訊）做出取捨，就可以減少在找東西上消耗的時間，提昇ROT。

暢銷書《怦然心動的人生整理魔法》，是我最喜歡的書之一。作者近藤麻理惠表示：「整理有九成得靠精神。」為了培養這樣的精神，我們要「一口氣、在短時間內、徹底『丟掉』」，而首要之務就是完成「丟掉」這個動作。此外，在丟掉東西之前，必須先具體想像理想的生活。

我認為，這些正是減少消耗時間在找東西上的出發點。

請你也試著具體想像，「理想的辦公室工作」是什麼模樣。

例如，想像「應該怎麼做，才能在沒有辦公桌的狀況下，達成比目前還要高的工作成效？」並以此為前提，來整理你的工作環境。

事實上，我個人已經一年以上沒有屬於自己的辦公桌了，自從我這麼做之後非但沒有感到任何不便，ROT更是持續提昇。

在沒有辦公桌的前提下，我必須針對每一樣事情做出取捨，因此身邊再也沒有無謂的東西，同時再也不會把時間消耗在找東西上。

在整理工作環境時，必須在管理「紙本資料」和「檔案」上多花點心思。

在整理紙本資料的時候，必須當機立斷地決定什麼東西是有必要留下的，什麼東西是沒有必要留下的。

若是沒有必要留下的東西，就應該毫不猶豫地直接丟棄。

若是有必要留下的東西，原則上應以「轉成電子檔留存」為前提，只有真正必要的文件才保留紙本。若選擇保留紙本，則絕對不能將紙本橫放堆疊在桌上，請務必將它們直立起來收納。

另外，在將紙本資料掃描、拍照轉存成電子檔時，請訂下命名檔案的規則。

我建議用「日期（六位數）＋資料種類（企劃書、請款單等）＋客戶名稱」來命名。請特別注意，假如這個命名規則不能適用於所有的電子檔，便不具任何意義。

我認為在保存檔案時，必須善用雲端空間。

建議可以多加利用 OneDrive 或 Dropbox 等雲端服務，打造一個不論使用哪一台電腦或智慧型手機都可以存取檔案、處理公事的環境。

步驟④

將任務系統化

除了第Ⅳ象限以外的三個象限，都必須加以「系統化」。

所謂的系統化，就是建立一個不仰賴人的能力或技術的系統。

亦即無論是「誰」、在「什麼時候」進行，都能得到相同結果——也就是具有高重現性的狀態。

需要系統化的，就是在第Ⅳ象限之外各象限的任務中，「每個月進行一次以上的任務」以及「日後有很高的機會進行三次以上的任務」。

另外，這項任務是不是除了你之外，還需要很多人一起進行，也是決定該任務是否應該系統化的指標之一。

例如，當客訴頻頻發生，而原因幾乎都是人為疏失，那就必須將這件事系統化。因為客訴發生後，除了平時的任務之外，還得把時間消耗在補救措施以及向客戶致歉上，所以預防客訴的首要之務，就是系統化。

客訴通常發生在我方提供的價值低於客戶的期待時，因此需要的系統化，就是事先將客戶的期待值，降至低於我方實際上所能提供的等級，或是提高附加價值。

以前者為例，可以事先在資料文件或說明書上，載明我方所提供的價值範圍與等級。

此外，**使用資訊科技工具來進行系統化，效果也非常好**。

例如將名片歸檔、發行電子報、製作會議記錄等，都可以透過資訊科技工具加以系統化。

請試著檢視在你的任務當中，有沒有可以藉由使用資訊科技工具來減輕工作量，或減少手續的項目。

系統化的範例

- 統一報價單與請款單的格式，並使其連動。
- 所有的客户來電皆由客服中心統一受理，而非由業務部門受理。

步驟⑤

將工作託付他人

在第Ⅳ象限以外的三個象限中，如果有「找不到理由非得由你親自去做」的任務，請將它們全部託付給別人來完成。

也就是說，不需要你也能完成的任務，就全部委託、委任別人完成即可。

比方說，像是：

- 能用低於你「理想人生時薪」的金額外包的事項。
- 交給專業人員處理時，ROT較高的事項。

類似以上的事情，請積極託付給別人處理。

想透過託付他人得到成果，有兩個前提條件。

第一，**盡可能事先將想託付他人的任務加以「單純化」**。

第二，**想託付他人的任務已經具備一套「執行上的規則」**。

首先，請盡量讓你的任務單純化。徹底思考「該怎麼做，才能讓大學工讀生或新進員工都能完成任務」，勢必有助於提昇ROT。

下一步，則是替任務的執行步驟訂立「規則」。將任務系統化，讓這件工作即使沒有你也可以順利進行，這就是所謂的託付他人。

對上班族來說，可能很難把自己的任務隨便託付給同事或後輩去完成。不過，請問你是否向主管提過，將自己目前的任務託付給同事或後輩的想法呢？

假如把你的任務託付給同事或後輩處理，便可以提昇整個組織的ROT，那麼主管要是個能幹的人，相信應該不會反對。如果你還沒嘗試過，請不要輕言放棄，請務必向主管提議看看。

在提出託付他人的建議時，往往會聽見這樣的意見：「如果把工作託付別人，還得花時間教對方，相較之下，自己做不是比較快嗎？」

短期來看或許如此，但假如那是一項會在中長期持續出現的任務，那麼託付給別人能獲得的效率顯然比較高。

另外，在託付他人的過程中，不單單是被託付的人可以提昇能力，身為託付方的你，能力也一定會提昇。因為人會經由教導別人成長，也會因為肩負責任而成長。

現在你手上的任務中，有哪些是不需要你親自出馬也能完成的呢？請做好準備，下定決心把這些事情全部託付他人去做吧。

託付他人的範例

- 委託到府清潔公司到家裡做家事。
- 委託進公司三年的員工帶新人。

步驟⑥

與「他人」的「其他任務」合作

接著我們要思考該如何透過合作，來提昇除了第Ⅳ象限之外，其他三個象限中任務的ROT。

所謂的合作，就是**和擁有相同課題的夥伴同心協力，分擔彼此的任務**。這麼做不但可以減輕彼此的負擔，還能分享彼此的專業知識，往往能獲得超乎預期的成效。

也就是**藉由與他人共享任務，來提高ROT**。

想要成功做到這一點，只有一個前提條件，那就是在公司內外都擁有可以合作的夥伴。

夥伴並不是一朝一夕就能得到的，所以請從平時就努力打造一個「容易找到願意與你合作的夥伴」的環境。

例如，我在當業務員的期間，總是自願擔任公司內部聚餐的主辦人。我想我舉辦聚餐的次數，應該是全公司最多的吧。此外，不只是部門內部的聚餐，我也經常邀請與業務部門合作的部門，舉辦跨部門的聚餐。

主辦人這個工作，乍看之下似乎很麻煩，然而實際上卻可以減少很多投資在工作上的時間，因此投資報酬率極高。在這段過程中培養出的人際關係，為我帶來的價值，遠比我投資在這上面的時間高出無數倍的成果。

我認為，**人與人之間的信賴關係，是將你的ROT提昇到最高的武器**（詳細內容請參照第六章）。

就好比說，我現在身兼多個網路社群的管理員。

之前，我發起了一個名為「七四五連」的社團，成員皆為一九七四年至一九七五年出生的企業經營者。我們每兩個月進行一次聚會，活動並不頻繁，但是光靠口耳相傳，目前在 Facebook 上已經有超過五百名成員。

每次聚會，都有數十位屬於同年齡層的企業經營者參加。不論企業大小，只是因為大家年紀相仿，第一次見面就能彼此敞開心房。透過對話，成員可以找到業務夥伴或洽談合資案。

像我這種極度怕生的人，也在這裡結識了許多同年齡層的知名企業經營者，或與上市公司的經營者進行交流。

此外，我把我在銀座的辦公室分租給十一位企業經營者與自僱者，也經常積極主辦大學社團同學、前公司保聖那以及瑞可利的同事聚會。

我在做這些事情時，從來沒想過要得到什麼好處，但是就結果來說，我之所以在每次需要協助的時候都有人伸出援手，全都要歸功於平時在這些人際關係耕耘打下的基礎。

我認為自己的強項是「身為企業經營者，但是卻很熱心」，這種特質很罕見，所以我選擇了「打造社群」的戰略，以及「積極擔任主辦人」的戰術。

請各位自行思考，決定要用什麼當作自己的武器。接著，請選擇能充分發揮這項武器的戰略和戰術，想辦法減輕任務的負擔，增加任務的成效。

順帶一提，為了學會最佳的時間規劃術，我特別推薦年齡二字頭和三字頭的人主動舉辦聚會。

因為聚會的主辦人就像是一個專案的組長，需要擁有傑出的規劃能力才能勝任，透過主辦聚會，便可以精進自己的時間規劃術。

合作的範例

- 原為各團隊分別舉行的讀書會，可以試著和其他團隊合辦。
- 進行重要商談時，可以請工程師或業務員與會旁聽。

步驟⑦

想辦法達到一石二鳥

接下來，請想辦法讓第Ⅳ象限外的三個象限任務，達到一石二鳥之效。

所謂一石二鳥，就是**藉由一個任務獲得多個成效**。

倘若同時進行兩個任務，很可能會兩頭落空，這裡所指的一石二鳥與多工處理完全不同，請不要誤會。

總之都是「單一任務」，永遠只進行一個任務。

黛芙拉．札克（Devora Zack）在《專一力原則》（*Singletasking: Get More Done-One Thing at a Time*）一書裡提到，經過各種研究證實，**大腦無法同時專心處理超過**

兩件事。

例如，史丹佛大學的神經科學家伊爾．奧菲（Eyal Ophir）認為：

「人類其實並沒有進行多工處理，而是在進行任務切換（Task Switching）。也就是從一個任務迅速地切換到另一個任務而已。」

另外，哈佛大學的研究也顯示：

「工作忙碌的上班族，一天會在不同任務上轉換五百次注意力，而轉換注意力次數較少的員工，反而效率較高。」

的確，觀察我周遭的人們也都有這種傾向。工作時，電腦上開啟的程式越多的人，ROT就越低。

尤其是男性，更應該避免「多工處理」。因為以大腦的結構而言，男性的大腦比較不擅長多工處理。反過來說，男性在處理單一任務時的ROT則非常高。

首先，請想想看能否把你目前正在進行的多個任務，整合成一個任務。例如可以試著思考「一起做」或「順便做」的方法。

一石二鳥的範例

- 把午餐時間安排為活力午餐（邊用午餐邊進行公務會議，如與顧客商談、和部屬面談等）。
- 利用搭車時間看書或聽有聲書。
- 利用洗澡時間拉筋伸展。
- 利用洗澡時間看事先錄影下來的節目或DVD。
- 拜訪A公司的時候，順便拜訪跟A公司位在同一區的B公司及C公司。

步驟⑧

訂出自己的規則

請打造出一個能避免手上任務被中斷，讓注意力集中在眼前任務上的狀態。

手上任務被打斷的原因，通常有兩種類型。一種是**自己本身的問題**，另一種則是**被共事者妨礙**。

自己本身的問題，一般起因在於自己心中沒有一個明確的判斷基準。由於沒有明確的判斷基準，因此經常猶豫不決，在做決定的時候必須花很多時間，任務也就因此中斷。

美國心理學家的研究顯示，人類一天會進行約六萬次的思考與判斷。扣除睡眠時間，可以說幾乎每一秒都在思考。

據說絕大部分的人在這六萬次思考當中，有九五%思考的是和昨天一樣的事，有八〇%思考的是負面的事。

也就是說，我們每天都會消耗許多時間在猶豫不決和灰心喪志上。

為了避免這種時間的消耗，我建議各位先**將自己心中的判斷基準「規則化」**。也就是制訂一個專屬於自己的規則，以避免你的任務在執行過程中被打斷。

一個成功的企業經營者，往往有一些簡單又有力的專屬規則。最經典的案例就是史蒂夫・賈伯斯，他為了避免把時間消耗在挑選衣服上，因此總是穿著同樣的衣服。

另外，某位一直很照顧我、我很尊敬的企業經營者也是一樣。保聖那集團的代表南部靖之有個專屬規則：「猶豫不決的時候，就去做。」他把這個規則當作自己平時的行為準則。

訂出自己專屬規則的範例

- 不參加聚餐的續攤。
- 不參加工作夥伴的慶生會。
- 不在周末打高爾夫球。
- 看電視時，只看預錄下來的節目。

（因為錄下的節目可以跳過廣告，也可以避免無止盡地一直看下去）

- 利用零碎時間收電子郵件，只在固定時間回信。

正在進行的任務被打斷的第二種類型，就是被共事者妨礙。

在以主管職為對象的目標達成研習會中，我最常聽見的問題就是：「我自己的工作都是有計畫的，但每次屬下來找我商量事情，我的工作就會被打斷，結果無法按照計畫進行。」

這個問題的本質，是主管覺得被打擾了，但屬下卻完全不當一回事。換句話說，最大的問題在於屬下並沒有充分體認到「什麼都不想就提出問題或找別人商量」，以及「佔用他人時間」的嚴重性。

這種時候，最重要的是**除了訂出規則之外，更應該讓共事者也知道這個規則**。以我為例，我會事先設定一個「接受討論的時間」，並且指示我的屬下：「想商量事情時，請在這段期間來找我。」不過，我也明白地公開另一個特殊例外：「如果是九十秒內可以回覆的事，隨時都可以來找我提問或討論。」

此外，透過明文規定在報告、聯絡、商量時的規則，也可以打造出一個能有效率地做出指示或給予意見的狀態。例如：

- 所有事情都從結論開始說。
- 在報告中只傳達客觀事實。
- 將談話時間控制在三分鐘之內。

其實在大部分的情況下，屬下都不會主動帶來足夠讓我們立刻做出適切指示或建議的資訊，因此上述規則也可以預防這種情形發生。

讓共事者知悉規則的範例

- 設定接受討論的時段，並事先告知。
- 若是在九十秒內能回覆的事項，就可隨時討論。
- 讓共事者知道報告、聯絡、商量時的規則。
- 公司內部的電子郵件，不需要寫敬稱和問候語。
- 需要立即回覆的報告、聯絡、商量，就用電話聯絡。

專欄

將電子郵件「規則化」

為了提高ROT，最能立刻收效的策略之一，就是將電子郵件規則化。

或許各位會覺得意外也說不定，其實我們經常在公司內部的電子郵件上消耗許多無謂的時間。在將公司內部的電子郵件加以規則化時，請參考以下五點建議。

第一點，訂立「只在事先決定好的時段回信」的規則。

把一大早的黃金時間用在回電子郵件上，可說是浪費時間的極致。請事先決定好三個時段，每天只在這些時段回信。

例如我只會利用零碎時間收信，並在需要回信的郵件上註明重要標記，回覆也只會在固定的時間統一處理回信。電子郵件本來就應該在有空時處理即可，完全沒有必要即時回覆所有的郵件。

第二點，訂立「省略問候語」的規則。

光是取消「辛苦了」、「我是〇〇部門的△△」等問候用語，就能減少消耗在回信上的時間。

第三點，訂立「在郵件主旨中註明【請回覆】、【緊急】、【重要】等」的規則。

一眼就能判斷這封郵件優先順序，對彼此都有好處。另外，也可以規定真正緊急的事，應該使用電話或通訊軟體連絡。

第四點，訂立「若只是希望對方『有空再過目』的郵件，列入副本寄送即可」的規則。

當上主管之後，一天可能會收到一百封以上的電子郵件，想要有效率地管理郵件，就必須在規則上下工夫。

第五點，訂立「互相公開彼此的行事曆」的規則。

最容易消耗時間的公司內部郵件，就是為了協調行程時間的信件往返。然而，其實只要完全公開彼此的行事曆，就可以削減消耗在確認、調整上的時間。

換句話說，也就是規定只要公開的行事曆上有空白的時段，彼此就能自由填入開會、面談或一起拜訪客戶等預定行程。

如此一來，你就會主動規劃自己的行事曆，以避免別人任意替你安排行程。就結果來說，你的行事曆規劃術與時間規劃術都會變得更加熟練。

光是在公司內部訂立上述規則並公開，應該就能提昇組織的ROT才是。

來自客戶等公司外部的電子郵件，絕大部分是無法套用這些規則的。這時，我建議各位自己在心裡訂下規則，先讓客戶體認你的時間有多麼寶貴。

具體而言，也就是要讓客戶確切地明白到「我不會隨時回覆」、「我會刻意在深夜回信」。

當然，我們必須避免對客戶造成困擾。不過事實上有許多客戶非常依賴業務員，也有些人針對明明只要查一下就知道的事，或是之前已經告訴過他的事，也都喜歡再三確認。

假如你是業務員，請理解教育客戶也是業務員的工作之一。請保持冷靜，不能把來自客戶的電子郵件和電話全都當作重要的任務。

步驟⑨

把工作「例行化」，快速而確實地執行

鈴木一朗有個眾所皆知的習慣，就是把比賽當天所做的事情例行化。鈴木一朗永遠比隊友都還早進入球場，為比賽做準備；賽後，他會自己一邊擦手套，一邊反思當天比賽的內容。

但說到鈴木一朗最了不起的地方，就是在比賽進行當中也能徹底做到例行化。他從站上打擊區之前到握住球棒的姿勢，永遠一模一樣；即使把他第一輪打擊的畫面和第二輪打擊的畫面重疊在一起，也幾乎看不出差異。他的例行化準確度極高。

鈴木一朗之所以這麼重視動作的例行化，是因為維持固定的節奏，才更能專注於比賽中。

每天持續在同樣的時間、同樣的地方、做同樣的動作，徹底做到例行化之後，就能夠進一步將其習慣化，達到下意識也能實踐的境界。身體在習慣化的過程中記住的技能，是一輩子都不會忘的。

透過例行化，可以將心、技、體維持在最佳狀態，以呈現出最好的表現。

為了呈現最好的表現，**請試著盡量將你一整天的任務全部例行化**。

首先，請把每天或每週定期進行的任務加以例行化，先填入行事曆。也就是之前曾提到的「從大石頭開始放」。

這時，除了工作上的例行公事之外，就連私人的任務也要例行化，務必要先排進行事曆裡。

步驟⑩

縮短達成任務的時間

在各位嘗試過上述各種提昇ＲＯＴ的戰術之後，最後一步，就是思考縮短時間了。也就是說，最後的目標，就是把原本要花兩個小時的事，縮短為一個小時。

之所以把縮短列為最後一個步驟，是因為正如彼得·杜拉克所言：「世界上最沒效率的事，就是很有效率地完成一件根本沒必要做的事。」所以沒有必要縮短的任務，根本不需要浪費時間去試圖縮短它。

在縮短時間時，最重要的就是將「玩心」（像玩遊戲一般）發揮到極致。

例如，先對自己宣告：「我要在四十五分鐘之內完成這件事！」再開始執行任務，並用手機的碼錶功能來計時。

假如你預定的時間和實際完成的時間誤差不到五分鐘，就給自己一個獎勵。

人往往在有截止期限的狀態下才會認真，而確切掌握花了多少時間，也勢必對提昇ROT有所助益。

此外，為了成功縮短時間，持續地鍛鍊心、技、體是絕對必要的條件。

有劍豪之稱的宮本武藏曾說：「千日練習為鍛，萬日練習為鍊。」

想徹底學會一項技能，唯一的一條路，就是每天不斷反覆練習。

為了確保持續鍛鍊心、技、體的時間，請你給自己一個機會，徹底檢視自己的時間規劃術。

專欄

縮短開會時間

根據日本經濟新聞電子版所做的調查（二〇一六年十月），針對「你認為日本加班的情況始終無法減少的主因為何？」這個問題，回答「因為必須開很多沒效率的會、製作很多無意義的資料」的人最多，佔整體的三一．六％。

另外，3M Japan 股份有限公司曾針對日本全國二十五歲到四十五歲共七百六十一名的男女正職員工，進行一份工作相關問卷調查（二〇一七年二月）。該調查結果顯示，員工在一星期內花在開會上的平均時間是四．三小時。若換算成一年，則相當於一百五十九．一小時。

從這些數據看來，倘若能縮短在開會和製作資料上消耗的時間，應該就能大幅提昇ROT。

事實上，身為一名企業顧問，我也確實感受到會議的效率與該組織的ROT是成正比的。

想提高會議的效率，可以直接應用前文所述，檢視時間規劃術的十個步驟。

【步驟①分析、步驟②檢視優先順序】

計算出目前固定出席的會議數量和時間，確認是否得到相對的價值。

所謂「有價值」的會議，應該落在第Ⅱ象限（不急迫但重要）。請確認有沒有會議落在第Ⅱ象限以外的象限。

【步驟③做出取捨】

若只是為了定期召開而開的會，請下定決心做出取捨。或是改為在有議題需要討論時才開會。

若是不必開會就能解決的事項，就選擇用其他方法處理。

【步驟④系統化】

思考將製作會議記錄系統化的方法。

例如善用 Google 文件，由多個與會者同時編輯會議記錄。

也可以善用手機軟體「Recoco」，將會議的錄音檔直接轉成文字檔。

【步驟⑤託付】

把主持會議的工作託付給年輕資淺的員工，讓他有機會成長。

【步驟⑥合作】

思考該如何將會議變得更具意義，例如與其他團隊一起開會，或邀請其他部門人員來旁聽會議。

【步驟⑦想辦法達到一石二鳥】

事先準備好便當，在午休時間進行午餐會議。

在定期會議上報告日報、週報的內容，廢除日報、週報的制度（這麼做可以同時縮減屬下製作報表的時間，以及主管確認報表的時間）。

【步驟⑧訂出規則】

可針對下列會議相關事項訂出規則。

- 限制與會人數在七名之內。
- 不遲到，照表操課（一定要準時開始，準時結束）。
- 把議程表和會議記錄公開在公司內部的社群網路上。
- 原則上議程表內容不要超過一頁A4紙的範圍。
- 與會成員必須在會前先看過議程表與相關資料。
- 若所有議題在會議召開前皆已定案，就流會。
- 闡明會議的目的：發散〈交換意見〉、收集〈收集意見〉、收斂〈導出結論〉。
- 主管不否定或命令與會成員（但擁有拒絕權）。

【步驟⑨例行化】

事先將至少半年份的會議日程填入行事曆。

【步驟⑩縮短】

思考還有沒有其他有助縮短每一場會議時間的方法。

我在當上班族時任職的瑞可利集團，是一間開會效率非常高的公司。

當時我很尊敬的一位前輩，也就是現任瑞可利研究所的副所長中尾隆一郎，他在會議「開始前」和「結束時」，分別會確認下列三點事項，請各位務必參考。

【會議開始前】

①目標（想在這場會議結束時得到什麼）。

②議程（說明、意見交換、結論、接下來的預定計畫、工作分配等項目要怎麼排序、各花幾分鐘）。

③會議類型（目的是「發散」（交換意見）、「收集」（收集意見）、「收斂」（導出結論）中的哪一個？議程中的各項目的又是什麼）。

【會議結束時】

①決定事項（接下來要做什麼）。

②接下來的行程（上述事項由誰負責？在什麼時候之前完成）。

③再次確認最終目的（不單單只是舉行一場會議，而是透過一連串的會議想完成什麼）。

第 5 章

決定投資時間的標的

在本書中我所強調的「幹練人士」，指的是「持續達成目標的人」。無論做起事來多麼俐落，假如不能達到公司要求的目標、回應周圍的期待，就稱不上幹練人士。

前言中提到，在閱讀本書的讀者當中，也許有些人已經走進了死胡同裡，內心總是浮現：「明明已經拚命在做，但是不知為何卻沒有成果」的想法。

然而，我們必須了解，拚命地做其實本來就是「理所當然」的。

接下來，你**必須面對自己「用錯了方法拚命」的殘酷事實**。換句話說，這也意味著**你並沒有選對一個能獲得成果的行動**。

在第五章裡我們要來思考，應該將你有限的時間投資在什麼樣的行動，才是正確的選擇。

改變「行動」的六個步驟

步驟①　理解目的、目標、戰略、戰術的差異。
步驟②　描繪目標達成腳本。
步驟③　描繪八個戰略。
步驟④　描繪六十四個戰術，再精簡至十個。
步驟⑤　向身旁的人公告。
步驟⑥　用最短的時間進行ＰＤＳＡ循環。

步驟①

理解目的、目標、戰略、戰術的差異

在NHK電視台製播的大河劇中，有許多作品皆以軍師為主角，例如《風林火山》裡的山本勘助、《天地人》裡的直江兼續、《軍師官兵衛》裡的黑田官兵衛等等。

軍師會依照地形圖，策劃「斷糧」、「水攻」、「奇襲」等戰術，有時還會站在戰場的高台上遠眺，找出敵方的弱點，逆轉戰況。

名將的背後必有優秀軍師，一名優秀的軍師，能夠正確理解目的、目標、戰略及戰術的不同。在這個前提之下，軍師會把戰爭的目的和目標告訴將士們，同時選擇有效率又有效果的戰略和戰術。

如此一來，便能打造一個容易指揮士兵行動的體制。

許多人可能認為目標和戰略一定是公司或主管賦予的，然而，抱著這種工作態度也能生存的時代，大概再過幾年就會結束了吧。在接下來的時代裡，應該由你自己描繪目標和戰略，規劃自己的人生。

雖然「目的」、「目標」、「戰略」、「戰術」等字眼，前面已經出現過許多次，在這裡我想再一次定義這些詞彙在我心中的意義。

目的（Purpose）

「目標」存在的意義、不變的理由。
「為了什麼而做」（Why）。
「想成為什麼模樣」（How to be）。

目標（Goal／Target）

為了達成「目的」所需的明確指標。
「在什麼時候之前做」（When to do）。
「做多少」（How much）。
「以什麼為目標」（What to aim for）。

戰略（Strategy）

為了達成有效率又有效果的「目標」所需的方針。
資源分配的方針。
「做什麼」（What to do）。

戰術（Tactics）

為了執行有效率又有效果的「戰略」所需的具體方法、手段。
善用資源的方法。

「怎麼做」（How to do）。

假設我們用登山來做比喻：

目的：登山的理由。

目標：要在什麼時候抵達山頂。
什麼時候抵達中間點。

戰略：要走哪一條路。
要和什麼樣的成員一起。
要怎麼分配時間、怎麼計畫。

戰術：每個成員分別有什麼任務。
成員的順序、配置為何。
要穿什麼樣的服裝、帶哪些裝備。

接著，我再用「學英文」這個與我們切身相關的例子，來整理上述各項的差異。

目的：成為一名國際線空服員，在國外飛來飛去，和外籍空服員一起快樂地工作。

目標：在開始找工作前，考到 TOEIC 七百分。

戰略：每天使用講義教材自學五小時。

戰術：上學時在車上聽英文單字，並思考單字的意義。

每天念一個單元的文法教材。

週末比照正式考試的時間，計時寫考古題。

如前文所述，**必須依照「目的」→「目標」→「戰略」→「戰術」的順序進行思考，再執行具體的行動**。如此一來，就能夠決定要將時間投資在什麼地方。

步驟②

描繪「目標達成腳本」

在第一章裡，我們已經透過將「熱情」、「使命」及「願景」化為文字，而使工作的「目的」變得明確。

在本章中，我們要將「目標」明確化，並描繪出目標達成腳本。

首先，一般認為理想的目標必須符合下列五個重點：

①具體（Specific）。

②可量化（Measurable）。

③吸引人（Attractive）。

④基於成果（Result-based）。

⑤有明確期限（Time-bound）。

將這五個重點的字首英文字母組合起來，就是「SMART」。

除了上述重點之外，我認為是否在「影響圈」內也是一個重要的因素。所謂的影響圈，就是在你所關心的事物當中，你所能影響的範圍。

例如，有些職棒選手會立下像是「拿到二十勝」或「成為打點王」的目標，但我不認為那是理想的目標。

因為能不能拿到二十勝，並不是自己努力投球就能決定的。假如你的隊友連一分都沒得，就很難獲勝。打點王也是一樣，如果你的隊友沒有上壘，不管自己的打擊多麼優秀，也無法獲得打點。所以這些都不算是在自己的影響圈內。

不過，如果把目標設定為靠自己的努力就能決定結果的事情，例如「將防禦率降到二字頭」或是「將打擊率提昇到三成」，便是理想的目標。

此外，在我替超過一萬名業務人員進行研習的過程中，我發現了一件事。那就是無法達成目標的人，通常是把公司賦予他的目標當作基本業績或夢想的人。

主動性的基本業績就是目標，有預計達成日期的夢想也是目標，而無法達成目標的人，往往都缺少這種想法。

另一方面，許多頂尖的運動員，從小學就明白了這個道理。

無論是職棒選手鈴木一朗、足球選手本田圭佑或網球選手錦織圭，從他們的小學畢業感想文，都可以看出他們從小學開始就擁有明確的目的與目標，同時為了達成目標而主動積極地努力。以本田圭佑為例：

目的：賺大錢，孝順父母。

目標：

- 成為世界第一的足球選手。
- 在世界盃足球賽中成名。

- 穿著背號十號的球衣，在義大利足球甲級聯賽一展身手。
- 成為年薪四十億日圓的足球選手。
- 成為日本代表隊的十號。
- 在世界盃足球賽裡和巴西一決勝負，最後以二比一獲勝。

拿破崙．希爾博士曾說：「將目標明確化，就能開啟夢想之門」，由此可知「目標」的重要性。

目標達成腳本可以分成「長期」（五十年）、「中期」（七年）、「短期」（半年）等三個階段來製作。有個重點是，必須依照「長期、中期、短期」的順序，分別從各階段的最終目標，用反推的方式撰寫。

軟銀集團的創始人孫正義，在他自己提出的「人生五十年計畫」裡，描繪出以下的腳本：

- 二十至二十九歲成名。
- 三十至三十九歲最少存到一千億日圓的資金。
- 四十至四十九歲一決勝負。
- 五十至五十九歲完成事業。
- 六十至六十九歲將事業交給接班人。

我在大三開始找工作的時候，就是參考上述腳本，描繪出自己的目標達成腳本。當時我把「三十二歲獨立創業」設為目標，因此只鎖定擁有達成這個目標所需資源（管理能力、業務能力、人脈）的公司求職。

在人稱「就職冰河期」的當時，人們認為進入大企業工作才算是成功；然而我採取的戰略是只針對新創公司投履歷。最後，我獲得了保聖那、軟銀、CCC集團（Culture Convenience Club Company）、南夢宮（現在的萬代南夢宮）等公司的內定。

由於我認為，與其在大企業裡當一個小齒輪，不如在新創公司被委以重任，才能更快速地成長。所以我在二十六歲跳槽到瑞可利集團後，又用反推的方式，將目標訂得更仔細。為了達成「三十二歲獨立創業」的目標，我認為有必要採取「打造個人品牌」的戰略。

為此，我必須達成的目標為「在離職之前，在瑞可利集團創下前所未有的業績表揚紀錄」。又為了達成這個目標，我寫下了「在二十九歲獲得業務ＭＶＰ」、「在二十七歲獲得業績表揚」的目標達成腳本。

如前文所述，只要訂下目標，接著就只須徹底思考「該做什麼」（戰略），以及「具體來說該怎麼做」（戰術），再付諸實行即可。

以結果而言，我到三十二歲獨立創業為止，都按照計畫達成了目標，不過之後遇到的挫折，就如同前文所述。

我之所以失敗，是因為沒有選擇符合自己熱情與使命的生活方式，以及疏忽了應該要定期檢視目標達成腳本。

接下來，就請各位在目標達成腳本表單裡，寫下你的目標與目標達成腳本吧。**請依照「重要性」的高低，依序在「長期、中期、短期」各寫下五個目標。**

撰寫「長期目標達成腳本」時，請以你的熱情與使命為基礎，再加以擴充。撰寫「中期目標達成腳本」時，請從願景（七年後的未來想像）開始反推回來，將你的想像化為文字。

撰寫「短期目標達成腳本」時，則是從公司賦予你的目標開始反推即可。**之所以把目標濃縮在五個以下，是因為若將時間、精力、金錢等資源集中，達成率比較高，也比較容易獲得較大的成果。**

此外，絕對必須達成的工作目標，也就是短期目標達成腳本，更是應該將目標設定得高一些，並提早計畫、執行，以利提早達成。

不過在這個階段，還不需要思考該如何達成目標。只要是人類所能想像的事情，就一定能實現。首先，請專心擴充你的目標達成腳本，並將它化為文字。

目標達成腳本表單

長期目標達成腳本

★長期目標（反映熱情）		40～49歲	50～59歲	60～69歲	70～79歲
NO.1					
NO.2					
NO.3					
NO.4					
NO.5					
★長期目標（反映使命）		40～49歲	50～59歲	60～69歲	70～79歲
1					
2					
3					

中期目標達成腳本

中期目標	1年後	2年後	3年後	4年後	5年後	6年後	★ 7年後
Our Vision							
My Vision							

短期目標達成腳本

短期目標		半個月後	1個月後	2個月後	3個月後	4個月後	5個月後	5個半月後	6個月後
1									
2									
3									

※本表格可下載電子檔。詳見第239頁。

步驟 3

描繪八個「戰略」

在具體想像出達成目標的狀況之後，下一步就是將戰略具體化。

聽到「戰略」兩個字，各位或許會覺得很艱澀，不過實際上人們對於規劃戰略這件事，並不會不擅長。因為在絕大部分的狀況下，你的腦中早已存在戰略，也就是「該做些什麼」的雛形了。

在思考戰略和戰術的過程中，首先必須全力進行「擴散性思考」，然後再透過「收斂性思考」作去蕪存菁的動作。

「擴散性思考」是以眾多資訊為基礎，朝著各種方向進行思考，藉以催生前所未有的新點子的思考方式；「收斂性思考」則是根據現有的內容，找出一個正確答案的思考方式。

先透過擴散性思考想出各式各樣的戰略及戰術，再透過收斂性思考鎖定既有效率又有效果的戰略與戰術。

在此，我替各位準備了一項有助於全力思考的工具，那就是「目標達成曼陀羅九宮格表單」。

這份表單，是我參考我的認證夥伴「原田 METHOD」的「OPEN WINDOW 64」所製作而成。「原田 METHOD」是著有《一流的實現能力》等書的原田隆史老師，他所發明的目標達成方法。

當時在大阪某公立中學擔任田徑隊教練的原田老師，透過這個方法，在七年內帶領學校的田徑隊獲得十三次日本冠軍。

據說北海道日本火腿鬥士隊的知名投手大谷翔平，從高中一年級就開始實踐這個方法，現在許多鬥士隊的二軍年輕選手也紛紛學習。

接下來，我要說明「目標達成曼陀羅九宮格」的填寫方法。

首先，請在九宮格正中央的格子裡，寫下你在這一年（或半年）內最想達成的目標。接著，請在環繞著它的八個格子裡寫下你的戰略。

所謂的戰略，就是分配資源的方針，亦可說是為了有效率又有效果地達成目標所需的方針。你的資源，就是金錢和時間這兩項。**請寫下你打算將金錢和時間投資在什麼地方。**

在八個戰略裡的其中三項，請寫下「鍛鍊心」、「鍛鍊技」、「鍛鍊體」。

客戶增加	交易單價提昇	購買頻率提昇
培育屬下	達成半期業績 〇〇〇千萬日圓的 業務團隊目標	業務效率提昇
鍛鍊心	鍛鍊技	鍛鍊體

在「七個習慣」當中，有個原則是磨刀。上述的鍛鍊心、技、體三個戰略，就相當於這個原則。

無論寫出多麼理想的戰略和戰術，若是缺少了心、技、體的磨練，便不可能執行，也不可能持之以恆。請務必理解，鍛鍊心、技、體是所有戰略的大前提。

步驟④

描繪六十四個「戰術」，再精簡至十個

接下來，請在八個戰略周圍的格子裡分別寫下八個戰術。換句話說，必須寫下八乘八，也就是總共六十四個戰術。

所謂的戰術，就是活用資源的方法。亦可說是為了有效率又有效果地執行戰略，所需的具體手段。

在我的經驗裡，大部分的人都能理解並想像「該做什麼」（What to do）這個戰略，但卻只有少數人能將「具體而言該怎麼做」（How to do）的戰術，落實為具體的行動。

在沒有描繪出具體戰術的狀態下，是無法獲得成果的。**因為人類可以實現的，只有能具體想像出來的事情。**

接下來，我將說明具體描繪戰術的方法。

在擬定戰術的時候，最重要的就是用5W2H具體地描繪出來。

請問在內心詢問自己：「該怎麼做才能獲得成果？」並具體寫出「When」（該在什麼時候、期限為何）、「在哪裡」（Where）、「由誰」（Who）、「做什麼」（What）、「怎麼做」（How）、「做多少」（Hou much、How many）。

另外，也請不要忘了「為什麼」（Why）要做這件事。因為世上最浪費時間的事，就是執行沒有目的的戰術。

我們的身邊充滿了「做了或許比較好」的事。然而，假如全部都想做，你的金錢和時間，這兩項資源的投資就會分散，不但消耗許多能量，也得不到什麼成果。

想要提升人生時薪，最重要的就是將資源鎖定在要投資的地方，打造一個只在最重要的場合獲得最大成果的狀態。

為此，我們必須從六十四個戰術當中，挑選出最重要的十六個。

請從投資報酬率最高的戰術開始挑選。在這個階段，請多傾聽你所信賴的主管或前輩提供的客觀意見。

另外，在選擇戰術的時候，請先預想最壞的發展。在大致勾勒戰略和戰術時，只需預設一切都會很順利，樂觀地寫出最理想的劇本即可，但是在挑選戰術的時候，則需要採取另一種角度。

請盡量選擇當你無法執行時也能夠有補救措施的戰術，或是執行可能性較高的戰術。

最重要的一點是，請務必挑選不受外界環境左右，只要你自己努力，就一定能執行的戰術。

現在，請你從「目標達成曼陀羅九宮格表單」的六十四個戰術中，挑選出十六個戰術，用紅筆圈起來。

接下來，請從這十六個戰術當中，挑出未來三個月內可以完成的戰術，至多十個，並將它們連同預定完成日期一起寫在第207頁的表單裡。這時，請盡可能將戰術的進度量化。

在這段期間裡，除了寫在這裡的戰術之外，所有的事情你都可以忘記。不過，請務必專注在自己寫下的戰術上，絕對要將它們完成。

目標達成曼陀羅九宮格表單

	客戶增加			交易單價提昇			購買頻率提昇	
			客戶增加	交易單價提昇	購買頻率提昇			
	培育屬下		培育屬下	達成半期業績〇〇〇千萬日圓的業務團隊目標	業務效率提昇		業務效率提昇	
			鍛鍊心	鍛鍊技	鍛鍊體			
	鍛鍊心			鍛鍊技			鍛鍊體	

未來三個月內必須完成的重要戰術TOP 10

重要性		日期	結果
1			
2			
3			
4			
5			
6			
7			
8			
9			
10			

※本表格可下載電子檔。詳見第239頁。

步驟5

向身旁的人公告

請養成習慣，每天早晚反覆閱讀目前完成的三張表單：「目標達成指南表單」、「目標達成腳本表單」以及「目標達成曼陀羅九宮格表單」。請不停反覆閱讀，將它們烙印在你的潛意識當中。

接著，請對著身邊的人公開你的目標。

不管是對家人、朋友或主管說都沒有關係，請與每一個你所信賴的人分享你的目標。你可以對家人和朋友公開你私人的目標，對主管、同事、事業夥伴或客戶公開你在工作上的目標。

當你覺得目標很難達成時，或許這麼做會找到能夠從旁協助你，或是知道該怎麼做才能在短時間之內達成目標的人。

不過，你也可能會因此遇到一些否定你的夢想與目標的人，也就是所謂的「夢想殺手」。這些人大多會對你說：「你根本就做不到」或「你搞不好會失敗唷」。

這時只要切記，大多數的夢想殺手都沒有惡意，請對他們給你的意見表示感謝，繼續朝著自己的目標邁進即可。

將自己的目標向身旁的人公開後，相信你一定會更努力達成目標。

此外，**把目標的難度設定得對自己來說偏高一些，也很重要**。如此一來，才能完全激發你的潛能。

正如同目標達成曼陀羅九宮格表單的範例，對我來說最重要的目標，就是「在一年之內讓公司的獲利變成三倍」。

只要徹底深思「真正該做的事情是什麼」（戰略）以及「該怎麼做才能達到目

標」（戰術），並且踏出第一步，世上絕對沒有開拓不了的道路。

據說目前當紅的搞笑藝人中，有許多人出生於貧困家庭。DOWNTOWN 的松本人志曾說過一段話，大意如下：

「因為我家很窮，我根本沒有電動或其他好玩的東西，所以想要好玩，就只能自己搞笑了。由於家裡的貧困，反而讓我很自然地去思考一些有趣的事情。」

或許我也是因為在即將邁入四十歲時失去了所有的財產，才能明確地知道自己「真正該做的事」、才能想出自己「該怎麼做才辦得到」，最後找出一個答案。

正因有渴望，才能有突破。老是感嘆自己沒錢、沒時間，其實那才是最浪費時間的事。此時此刻的你，其實已經身處於最容易找到答案的地方了。

步驟⑥

用最短的時間進行PDSA循環

想要改變行動，最後的規則，就是用最快的速度進行PDSA循環（Plan－Do－Study－Act cycle）。

過去在日本，比較廣為人知的工作術，是透過反覆進行「計畫」（Plan）→「執行」（Do）→「檢核」（Check）→「改善」（Act）等四個步驟，持續改善業務的「PDCA循環」（Plan-Do-Check-Act cycle）。

PDCA循環是在第二次世界大戰後，由愛德華・戴明（Edwards Deming）博士所提倡的工作術，有助於生產管理、品質管理等管理業務順暢進行。

由於許多日本製造業者都採行這個方法，因此PDCA變得普及。

然而，戴明博士後來又特別強調徹底檢核的重要性，所以把「檢核」（Check）置換為「研究」（Study），稱之為「PDSA循環」。

本書採用的便是PDSA。如果將PDSA套用在本書強調的人生時薪概念上，便可以做出以下的定義：

- 計畫（Plan）：提出有目的的目標，描繪戰略與戰術。
- 執行（Do）：根據戰略和戰術，採取行動。
- 研究（Study）：分析行動的結果及影響結果的因素。
- 改善（Act）：重新檢視戰略和戰術，再次行動。

接下來，讓我們一起確認PDSA每個步驟的重點。

在「計畫」（Plan）步驟中的重點，就是「概略地計畫」。

關於這一點，各位可以善用目標達成腳本表單，以及目標達成曼陀羅九宮格表單，提出較大的目標，描繪出概略性的戰略與戰術。

在「執行」（Do）步驟中的重點，就是「即刻從小處開始」。

不管你的計畫有多麼美好，假如不去執行，就毫無意義。此外，如果不去執行，任誰也無法得知事情會不會依照計畫順利進展。所以一旦訂立計畫之後，就要即刻從小處開始執行。

我在擔任顧問的時候，曾經協助客戶分析該公司的業務工時。我們試圖透過這項分析找出高業績者（High Performer）與低業績者（Low Performer）的時間規劃術有何差異。最後發現高業績者有個共通點，就是他們都是採用這種「即刻從小處開始」的執行模式。

另外，**越是低業績者，在月底或期末的工作量就越容易激增；而高業績者則始終維持一定的步調，持續進行PDSA。**

在「研究」（Study）步驟中的重點，便是從成功和失敗兩種經驗中學習。

戴明博士認為深入研究比檢核更為重要，因此將把「檢核」（Check）置換為

「研究」（Study）。

當遇到失敗的時候，就要探究「為什麼失敗」，並且想辦法避免重蹈覆轍；當然，在成功的時候，也必須探究「為什麼成功」，找出可讓相同成功反覆重現所需的要件。基於這個前提之下，才進行最後的「改善」（Act）。

在「改善」（Act）步驟中的重點，就是有意識地將行動變成習慣。

在「執行」（Do）的階段，可以抱著「姑且一試」的態度無妨，但是到了「改善」（Act）的階段，就不是單純的執行，而是必須有意識地養成習慣。

在職棒界，也經常強調必須有意識地養成習慣的重要性。在此，我想舉我小學時心目中的英雄——掛布雅之為例。

掛布先生在擔任職棒選手的時候，因為努力不懈地練習空揮棒，而成為了阪神虎的第四棒，更獲得「老虎先生」的美譽，可說是一位頂尖的打者。過去他曾在一段採訪中這麼說：

「投球機投球的節奏都一樣，所以很容易想用同樣的節奏去打。但是投手會一邊不著痕跡地打亂打者的節奏，一邊投出曲球、滑球、指叉球或卡特球。如果想要在打擊時掌握主導權，就必須學會能夠對應所有球種的揮棒方式。這只能透過空揮棒學會，光靠投球機是沒有辦法學會的。」

據說掛布先生當時每天都會練習空揮棒五百次，從不怠惰。不過這個數字跟其他職棒選手相比，其實並沒有特別多。掛布先生與其他球員的不同之處，在於他所抱持的「態度」。

聽說掛布先生在每一次練習空揮棒的時候，都會想像「投手是誰、球種是什麼、球速是多少」。

有時我們會因為太想獲得成果，而拚命思考該怎麼「執行」（Do），然而重要的關鍵並不僅止於此。「量」固然重要，但是**站在時間投資的角度而言，提昇每一次的「質」其實更為重要。**

只要仔細地集中注意力去「執行」（Do），「研究」（Study）和「改善」（Act）就會變得比較容易進行，同時也比較容易養成習慣。

在日本的武道界和茶道界，有一個詞彙叫做「守破離」，涵義為：

- 「守」：守護既有的型態，繼續修鍊。
- 「破」：打破原有的型態，進行改良、改善。
- 「離」：脫離原有的型態，發明獨特的新方法。

「改善」（Act）正是守破離中的「離」。

請重複「執行」（Do）與「研究」（Study），找出適合自己的方法，並且養成習慣。

此外，倘若你以自己有史以來最快的速度執行PDSA循環，在三個月後依然沒有得到成果的話，就請回頭檢視你的「計畫」（Plan），設法改善。

反過來說，我可以向各位保證：只要能確實做到ＰＤＳＡ循環每個步驟的重點，並且高速進行ＰＤＳＡ循環，只需三個月，就一定能看見成果。

第 6 章

提昇「信賴感」才是最高級的時間管理術

在「業務專業計畫」（目標達成研習會）中，我將幹練人士所具備的目標達成能力拆解成三個要素，並將其公式化如下：

目標達成能力＝持續性×戰略性×信賴性

接著，我又更進一步把這三個達成目標所需的要素，分別拆解成兩個細項，並將其公式化如下：

- 持續性＝熱情×使命
- 戰略性＝企劃力×執行力
- 信賴性＝人品×能力

其實在本書的第一章裡，就已經說明了提高「持續性」的方法；在第二章至第五章裡，則說明了提昇「戰略性」的方法。

在這三個要素當中，對工作結果影響最大的就是「信賴性」。換句話說，提昇自己的信賴性，正是幹練人士的最佳時間規劃術。

《與成功有約：高效人士的七個習慣》作者柯維博士的長子——小史蒂芬・柯維（Stephen M. R. Covey），有一本著作名為《高效信任力》（*The Speed of Trust*）。這本書的日文版副標題是「『信任』能提昇速度、降低成本，使組織的影響力最大化」。

事實上，假如你的客戶、事業夥伴、主管、同事、屬下都認為你是一個信賴性很高的人，那麼你一定可以輕鬆得到公司內外的協助，迅速地提昇ROT。

我在擔任業務員時，客戶曾多次找我商量「光靠我所屬的部門無法解決」的事情。這時，我通常會把問題帶回公司跟其他部門的負責人討論，而其他部門的負責人從來不曾拒絕我，或是表現出不合作的態度。

另一方面，我也曾看過好幾次其他業務員把客戶的問題帶回來討論，卻無法得到積極的回應。

為什麼會產生這種落差呢？我相信原因就在於我擁有身為一名業務員的信賴性。同事們相信「這傢伙一定可以幫我們談成一筆大生意」、「無論發生什麼事，這傢伙都一定不會推卸責任」。

《高效信任力》這本書裡介紹了提昇信賴性必備的要素，也就是信用的四個核心。所謂信用的四個核心，就是成為一個相信自己，同時受人信賴的人，所必備的基本要素。

- 第一個核心：誠信。
- 第二個核心：立意。
- 第三個核心：才能。
- 第四個核心：成效。

誠信和立意可說是與「人品」相關的要素，才能和成效則可說是與「能力」相關的要素。

接下來，我將針對每個核心逐一說明。

第一個核心**「誠信」，意味著「言行一致」**。

「誠」這個漢字，是「言字旁」加上「成」所組成的，也就是「能完成自己所說的話＝言行一致」。反過來說，倘若一個人言行不一致，就會被認為沒有誠信，無法獲得他人的信賴。

這幾年有許多政治家和演藝人員讓自己失去了信賴性，我認為這些全都肇因於他們的言行不一致。信賴性高的人，必定擁有誠信作為基礎。

我從來不恭維別人，也從不拍馬屁。此外，我在這本書裡也完全沒有寫到我自己未曾實踐過的事。

例如，如果能做到「早上五點起床工作」的話，當然再好也不過，不過因為我自己做不到，倘若寫出來，就會變成言行不一致，所以我沒有這樣寫。我認為，假如對自己沒有誠信，就不可能得到別人的信賴。

第二個核心「立意」，我將它解釋為「Win-Win的意圖」（健全的動機）。所謂的「Win-Win」，就是「讓對方贏，自己也贏」的概念。首先最重要的，就是抱著理解對方、尊重對方的態度。只要能夠隨時掌握對方「想實現」或「想解決」的是什麼，思考自己能為對方做些什麼，就能夠提升自己的信賴度。

不同於表示「因為可以得到，所以才付出」的「Give & Take」，「Win-Win」著重的中心思想是「先為對方付出」。

第三個核心「才能」，包含了才華、知識、技術、資格等等。當然，一個人擁有的特質越是稀有，信賴性就越高。

不過，假如只擁有一種才能，想提昇信賴性有其難度，因此我決定戰略性地用「乘法」來提高我的稀少性。

我是富蘭克林柯維日本分公司認證的顧問（講師），在日本，只有十幾個人擁有這項資格。除此之外，我同時也擁有美國熱情測試認證引導師、原田METHOD認證夥伴等講師資格，以及腦神經科學・心理學的專業證照。將這些資格相乘之後，我就能成為全日本獨一無二的人。

想要成為「NO.1」的難度非常高，但只要擁有能成為「Only One」的稀有性，每個人都有機會實現。

請再次檢視你的戰略和戰術，思考你想用什麼樣的乘法讓自己變成Only One。

第四個核心**「成效」，就是你拿出的「成績」**。我建議將成效加以「量化」。以我為例，由於我必須明確地傳達自己在業務方面的專業，因此不斷強調「我在瑞可利集團，創下了連續七個半年度獲得業績表揚」的記錄。

此外，你同時也必須思考行銷戰術，也就是該如何傳達你的成效。無論你至今累積的成效多麼高，要是沒有讓身邊的人知道，便無法提高你的信賴性。

當客戶或主管變動的時候，更必須有意識地傳達自己的才能和成效。以我為例，我印在名片背面的自我介紹，就能讓人了解我的才能和成效。

另外我要補充一點，沒有「人品」，便不會有「才能」。無論有多少才能，假如人品是零，那麼信賴性也會變成零。

最後，我再次將提高信賴性所需的要素整理成公式：

- 信賴＝人品×能力（人品＞能力）
- 人品＝誠信×立意
- 能力＝才能×成效

像這樣寫成公式，各位可能會覺得很簡單，但要增加他人信賴最困難的地方，就是不可能在一朝一夕之間提昇。縱使失去信賴只要一瞬間，但想要建立信賴，則需要投資相當程度的時間。我深信，除了養成持續鍛鍊心、技、體的習慣外，建立信賴性也是沒有捷徑的。

專欄

能獲取信賴的「提問能力」

身為一個顧問，我有很多機會接觸各種頂尖的業務員。在這個過程中，我明白了一件事。

那就是高業績者和低業績者的差別，並不在於提案能力，而是在提問能力。

不只是業務員，被認為幹練人士的人，都擁有提問能力這項武器。

所謂的幹練，意思就是能夠進行優質的輸出。優質的輸出是指什麼呢？意思就是接受主管或客戶委任工作時，能夠達成超乎他們期待的成果。想做到優質的輸出，前提條件就是必須能夠做到優質的輸入。

如果你的提問能力很差，在沒有深入且正確地理解主管和客戶的狀態下，很難做出優質的輸出，當然也就無法得到幹練的評價。

因此，接下來我想談談在主管、客戶找你商量事情或委託工作的時候，你應該發揮的提問能力。

首先，各位必須理解提問能力的基礎，就是傾聽能力。

傾聽能力並不是去「聽」（Hear）自己想聽的東西，而是「聆聽」（Listen）對方想說的、想傳達的、盼望的事情。

在談話中，最理想的發言比例是自己佔二〇％，對方佔八〇％。如此一來，你不但可以讓對方成為這段談話的主角，同時又能掌握主導權來進行這段對話。

只要擁有傾聽能力，就能夠引導對方整理自己的思考，獲得一個雙方都能接受的結論或判斷，就結果來說，也更容易獲得對方的信賴。

在討論傾聽能力時，最值得參考的，就是有「心理諮商之父」之稱，美國心理學家卡爾・羅傑斯（Carl Rogers）博士所提倡「個案中心療法」中的「主動傾聽」

（Active Listening）。

他把過去的「諮商師中心療法」轉換成「個案中心療法」。也就是，將原先透過諮商師針對個案的煩惱進行指示的模式，轉換成透過「主動傾聽」個案的傾訴來解決問題。

支持上述改革的，是一份顯示「世界上有六〇%的煩惱，都可以透過傾聽而解決」的研究報告。

【主動傾聽的進行方式】

①重複。

②統整。

③同理對方的心情。

若想發揮提問能力，這便是不可或缺的事前準備工作。

既然佔用了對方的時間，那麼事前查詢有關對方的資料、預先準備好幾個問題或

假設，可說是最基本的禮貌。此外，先做好事前準備，才能有效率又有效果地提問，這當然無須贅言。

最後，我要介紹兩種我在擔任顧問時經常應用的問題。說我光靠這兩種提問能力就獲得了頂尖顧問的地位，也不為過。

【理想的兩種問題】

①釐清對方的「目的」。

「請問這件事的目的是？」

「透過這件事，你想要解決什麼？」

「透過這件事，你想要實現什麼？」

②釐清對方的「動機」。

「你為什麼會想開始做這件事？」

「你為什麼會這麼想？」

「你為什麼這麼喜歡這件事？」

在這裡我要特別強調，將「事實」和「感情」分開確認，是非常重要的。

在談到事實的時候，必須與對方的感情分開理解，也就是把注意力放在「對方如何看待這個事實」，掌握客觀的事實即可。

後記

感謝各位讀到這裡。

在後記中，我想介紹一下自己因為徹底實踐了本書的內容而發生的奇蹟，以此作為總結。

二〇一六年十二月十四日，我受橫濱商科大學的老師尾野裕美邀請，在她任教的人力資源管理論課堂上演講。我把這場演講的題目訂為「失敗老師：因為看輕自己的使命，而在厄年差點喪失一切的教師。」（譯註：日本民間認為人在某些特定年齡的年份比較容易遇到災禍疾病，該年稱為厄年，有點類似台灣俗稱的犯太歲）

前文中也曾經提到過，我在三十九歲的時候，遭遇了我人生最大的挫折，失去了我所有的財產。

對於以自僱者的身份很早就獲得成功的我，因為滿足於現狀而喪失目標，疏忽了本業。

當時，我除了經營自己的事業，又意外地繼承了因為腦中風而倒下的父親所經營的公司。那一家公司的業績低迷不振，於是我便決定進行裁員。在那一段過程當中，我甚至替自己減薪。

這時，為了填補自己的收入，我又更加投入自己原本就很有自信的網路貿易商務。當時的我，幾乎每天都在消耗時間。

在那一段期間，我接連遇到客戶倒閉、投資詐欺、公司員工的背叛等打擊，在半年內喪失了大約一億日圓的現金——也就是我當時所有的財產。

又因為當時的我為了發薪水給員工，自己主動減薪，甚至還變賣了愛車，所以對於員工的背叛感到特別痛心。此外，我的親人以及以前很照顧我的主管，也在這段期間相繼過世，讓我身心俱疲。

那時，我的兒子才兩歲。

我被迫過著一天只能花五百日圓的生活，每天早上在牛丼連鎖店吃早餐定食填飽肚子。我總是把定食套餐附的海苔留著，偷偷帶回家給我那喜歡吃海苔的兒子。那時候的生活就是如此悽慘。

一天，我的妻子語氣不帶一絲責備對我說：「老實說，我覺得因為投資而心情起伏不定的爸爸一點都不帥耶。」

那一瞬間，我對於把時間消耗在愚蠢的事情上、因為做了自己不想做的事情而失敗、陷入絕境，以及只因為一次的失敗就一蹶不振的自己感到汗顏無比。於是我下定決心，在「使命宣言」寫下以下的文字，並在心裡暗自發誓絕對不要再重蹈覆轍。

「我的使命，就是讓我的家人覺得我是一個最棒、最帥的好爸爸。」

「我的使命，就是証明人不管到了幾歲都能改變、都能成長。」

很巧的是，我在橫濱商科大學演講完的那一天晚上，竟然剛好有機會可以體驗

「熱情測試」。當時我所寫的五個熱情，就如同第一章所述。

我只花了短短一年的時間，就幾乎實現了所有的熱情。從那天開始算起，還不到一年，我的書就已經擺在書店裡，連我自己都難以置信。

我「投資」在撰寫這本書的時間，大約是三個月（大約二百個小時）。在這三個月當中，我又創立了兩個新事業。

在私人方面，我實現了多年來的夢想——參加「M-1大賽」（譯註：吉本興業主辦的漫才比賽）的初賽，與專業搞笑藝人同台表演漫才，獲得了珍貴的體驗。

另外，我和我的父母以及住在泰國的妹妹，一起去夏威夷玩了九天，享受了一趟難得的家族旅行。

上述這些目標之所以能夠實現，全都要感謝本書中的時間規劃術。

正因為這幾年來遇到了各種危機，所以我才得到撰寫本書的機會和權利。假如你現在的境遇和三年前的我一樣，我打從心底希望這本書能夠帶給你勇氣。

另外，本書的論點皆以「七個習慣」、「熱情測試」以及「原田METHOD」做為基礎。

正因為我擁有上述各種專業的資格證照，所以我可以很自豪地說，全世界只有我才能有系統地將它們整理成一本書。

上述三者都是非常棒的概念，因此我推薦各位務必個別深入學習。

接下來，我要向與這本書的誕生相關的每一個人致謝。

首先，我要打從心底感謝明日香出版社負責本書企劃與編輯的久松圭祐先生，在全日本為數眾多業務顧問中找到了我，發掘我的潛力。

另外，我也要感謝讓我有機會遇到久松先生的出版製作人吉田浩先生，以及Giant 出版塾的各位。

我將本書的校稿工作託付給我最重要的事業夥伴，非常感謝「社長的左右手」久保田亮一，以及辦公室分租夥伴「未來式 TOEIC 學院」的鈴木真理子。

我要感謝 Escrit 股份有限公司的岩本博董事長，貴為上市企業的經營者，卻總是對我親切萬分，成為我做人處世的模範。

我還要感謝熱情經濟人交流會 Passion Leaders 代表理事、Nexyz.Group 股份有限公司董事長近藤太香巳，為三年前身處絕望谷底的我帶來希望。

在我剛跳槽到瑞可利集團的時候，當時的主管，也就是現在軟銀集團的常務執行董事青野史寬，他對我這個初出茅廬的業務員施展了「業績長紅」的魔法。此外，瑞可利集團研究所的副所長中尾隆一郎，在我離職之後依然定期給我明確的建議。在此向兩位致謝。

My Navi 股份有限公司的董事山本智美小姐，率先採行本書的基礎，進行名為「業務專業計畫」的員工教育訓練，這帶給我非常大的協助，非常感謝。

我在此還要藉著這個機會，感謝一路上所有照顧過我的主管、前輩與客戶。謝謝各位。各位賦予我的，我一定會回饋給這個社會。

我的妻子和兒子是我最大的精神支柱，我深深感謝這世上有你們的存在。

在寫書期間，儘管讓正值愛玩年紀的兒子稍稍委屈了一些，但我仍能抽出時間陪他，這也全都要歸功於本書的時間規劃術。

當然，這一切都是因為我有一個可以安心託付的妻子。謝謝妳。

為人父之後，我才發現父母親投資了多少時間在孩子身上。對於這份偉大的愛，我的感激之情油然而生。爸爸、媽媽，謝謝你們。

最後，我要再次衷心感謝，將寶貴的時間投資在閱讀本書的各位讀者。

在我們的人生中，醒著的時間大約有三分之二都在工作。

我們花在工作上的時間，究竟是投資還是消耗呢？這兩者有著極大的差異。

改變你在工作上的時間規劃術，就等於改變你的人生。我由衷希望，並且深信各位的人生能夠朝著更美好的方向前進。

人生不能重來。這個最佳的時間規劃術，能讓你盡情地享受人生。

剩下的，就是你願不願意去實踐了。

二〇一七年十二月　田路和也

附錄　目標達成研修表單下載

感謝各位讀者購買《有錢人都在用的人生時薪思考》，您可利用手機的QR碼掃描器，或至網頁瀏覽器輸入以下網址，下載書中介紹的六張表單。

- 表單下載QR碼：

- 田路和也官方網站（日文）連結：
  https://kazuyatoji.net/
  QR碼：

翻轉學　翻轉學系列003

有錢人都在用的人生時薪思考

從「回報」的觀點做計畫，高效運用時間，不辜負每一天的努力

仕事ができる人の最高の時間術

作　　者　田路和也
譯　　者　周若珍
總 編 輯　何玉美
編　　輯　簡孟羽
封面設計　張天薪
內文排版　顏麟驊

出版發行　采實文化事業股份有限公司
行銷企劃　陳佩宜・黃于庭・馮羿勳
業務發行　盧金城・張世明・林踏欣・林坤蓉・王貞玉
國際版權　王俐雯・林冠妤
印務採購　曾玉霞
會計行政　王雅蕙・李韶婉
法律顧問　第一國際法律事務所　余淑杏律師
電子信箱　acme@acmebook.com.tw
采實官網　www.acmebook.com.tw
采實臉書　www.facebook.com/acmebook01

I S B N　978-957-8950-83-2
定　　價　320元
初版一刷　2019年1月
劃撥帳號　50148859
劃撥戶名　采實文化事業股份有限公司
104臺北市中山區建國北路二段92號9樓
電話：（02）2518-5198
傳真：（02）2518-2098

國家圖書館出版品預行編目資料

有錢人都在用的人生時薪思考：從「回報」的觀點做計畫，高效運用時間，不辜負每一天的努力／田路和也作；周若珍譯. -- 初版. -- 臺北市：采實文化，2019.01
240面；14.8×21公分. --（翻轉學系列；3）
譯自：仕事ができる人の最高の時間術

ISBN 978-957-8950-83-2（平裝）

1. 工作效率　2. 時間管理

494.01　107021448